测绘行业职业教育工学结合一体化规划教材

数字城市三维建模技术

朱文军　孙　珂　曾朝平　豁　辉　张　森
周德秀　林　娜　王翰钊　姜成桢　编著

黄河水利出版社
·郑州·

内 容 提 要

本书是采用“项目引领、任务驱动”的方式编写的，在介绍数字城市三维建模的基本理论知识的基础上，全面地介绍了数字城市三维建模的一般方法及相关流程，强调对学习者应用能力、实践能力、分析问题和解决问题的能力的培养，突出中等职业教育的特色。本书共分6个项目：项目1主要介绍了数字城市三维建模的基本含义及国内外发展状况；项目2简单介绍了3ds Max 2010的工作环境及界面；项目3主要介绍了3ds Max 2010的基本建模工具；项目4主要介绍了二维建模、扩展建模，利用这些建模工具进行植被土质和地形模型建模；项目5主要介绍了综合利用前面的建模工具实施居民地及其设施建模；项目6为综合实训部分。

本书针对性较强，可作为数字城市三维建模专业大中专院校或本科生的教材。

图书在版编目(CIP)数据

数字城市三维建模技术/朱文军等编著. —郑州：黄河水利出版社，2015.7 (2025.2 修订重印)

ISBN 978-7-5509-1112-3

Ⅰ.①数… Ⅱ.①朱… Ⅲ.①城市建设-三维动画软件 Ⅳ.①TU984-39

中国版本图书馆CIP数据核字(2015)第084100号

策划编辑：陶金志 电话：0371-66025273 E-mail：838739632@qq.com

责任编辑：郑佩佩 责任校对：母建茹

封面设计：谢萍 责任监制：常红昕

出版发行：黄河水利出版社

地址：河南省郑州市顺河路49号 邮政编码：450003

网址：www.yrcp.com E-mail：hhslcbs@126.com

发行部电话：0371-66020550

承印单位：河南承创印务有限公司

开本：787 mm×1 092 mm 1/16

印张：7.75

字数：190千字

版次：2015年7月第1版 印次：2025年2月第2次印刷

2025年2月修订

定价：20.00元

前　言

党的二十大报告提出了推进职普融通、产教融合、科教融汇,优化职业教育类型定位的要求,报告还指出要办好人民满意的教育,全面贯彻党的教育方针,落实立德树人根本任务,培养德智体美劳全面发展的社会主义建设者和接班人。

随着科技的不断发展,城市的信息化成为了必然的趋势,数字城市的不断完善已经成为城市壮大的新契机,成为城市信息化建设的目标。数字三维城市已成为城市规划和管理中重要的手段。三维模型能够真实、生动地表达三维空间信息,成为数字城市的研究重点。建筑物的三维建模作为主要的建模内容有着重要的地位,快速、逼真地建立建筑物的三维模型成为建模的研究重点。

三维地理信息系统具有快速的三维漫游、查询、定位、统计、分析、打印输出等功能,将更好地为"数字城市"服务。三维模型的快速建立与更新,对维护三维地理信息系统数据的现势性、直观性,更好地为国土资源利用提供更好的决策,具有十分重要的作用和意义。

当前数字城市三维建模正如火如荼地展开,为适应当前市场人才的需求,近几年涌现了不少适用于各类高等院校教学的数字城市三维建模技术教材,但遗憾的是,对于适用于中等职业学校的教材少之又少。为了适应数字城市三维建模技术课程的教学,我们编写了本书。

本书根据国家职业院校学校地图制图与地理信息系统专业教学标准,以及测绘地理信息企事业单位的生产情况,采用基于工作过程的系统化课程开发思路,按项目引领、任务驱动的方式,由专业骨干教师与黄河勘测规划设计有限公司的行业专家组成教材开发团队编写完成。本书可作为地图制图与地理信息系统等专业的专业课教材,也可供其他相关专业参考使用。

本书打破传统的学科体系教材编写方式,以 3ds Max 2010 作为学习软件,力求为读者创造一个"真实的学习和工作环境",使理论教学与实践训练有机结合,并以此为依托讲述了数字城市三维建模的一般方法,重点让读者对数字城市三维建模有初步了解,然后通过具体实例快速提高,达到理论与实践齐飞。

本书共分 6 个项目。项目 1 主要介绍数字城市三维建模技术的基本含义及国内外发展状况;项目 2 简单介绍了 3ds Max 2010 的工作环境及界面;项目 3 主要介绍 3ds Max 2010 的标准建模、复合建模、修改器,利用这些工具创建管线、交通模型;项目 4 主要介绍二维建模、扩展建模,利用这些建模工具进行植被土质和地形模型建模;项目 5 主要介绍综合利用前面的建模工具实施居民地及其设施建模;项目 6 为综合实训部分:数字校园三维建模。

本书由河南测绘职业学院朱文军任主编，孙珂任副主编，曾朝平、豁辉、张淼、周德秀、林娜、王翰钊等参编，黄河勘测规划设计有限公司姜成桢参与了项目实施内容的编写。本书由河南省遥感测绘院高级工程师李国清审稿。

在本书编写过程中参阅了大量的文献，引用了同类书籍中的部分内容，在此谨向有关作者表示衷心感谢。同时，听取了许多老师及行业专家的宝贵意见，得到郑州测绘学校教务处及地图制图与地理信息系统教学部的大力支持，在此致以衷心的谢意！

为了不断提高教材质量，编者于 2025 年 1 月，根据近年来国家及行业最新颁布的规范、标准、规定等，以及在教学实践中发现的问题和错误，对全书进行了修订完善。本次修订以习近平新时代中国特色社会主义思想为指导，全面贯彻落实党的二十大精神、立德树人根本任务，将党的二十大精神融入教学实践中。

由于作者水平有限，书中难免存在一些缺点与不足，敬请读者批评指正。

编　者

2025 年 1 月

目　录

项目 1　数字城市三维建模技术简介

1.1　项目描述

数字城市作为城市发展信息化建设的基础设施正受到越来越多的重视,作为未来城市建设管理的新手段,已成为全球关注和研究的热点。项目重点介绍数字城市基本概念、数字城市三维建模技术和三维 GIS 技术等最新的发展状况。

【学习目标】

了解数字城市、三维建模、三维 GIS 等概念和最新技术发展。

【学习重点】

数字城市的内涵、三维建模技术及任务。

1.2　背景知识

1.2.1　数字城市的内涵

数字城市,从狭义的概念是指以计算机、多媒体和大规模存储技术为基础,以宽带网络为纽带,运用遥感、GPS、GIS、虚拟化等技术,对城市进行多分辨率、多尺度、多时空和多种类的三维描述,即利用信息技术手段把城市的过去、现状和未来的全部内容在网络上进行数字化虚拟实现。数字城市作为一个三维的城市信息模型,被认为是迄今为止人类掌握城市信息最好的方式。它的出现使人类在描述和分析城市空间事物的信息上,获得了一次飞跃——从二维到三维的突破(见图 1-1、图 1-2)。三维城市模型已经成为数字城市空间框架数据的核心内容之一。许多城市纷纷开展了城市三维建模和应用工作,城市三维模型建设正从起步探索阶段向深度和广度发展。

为了更好地引导和规范三维城市模型的可持续发展与稳健应用,表达三维城市目标的通用信息模型,CityGML1.0 作为开放式地理信息联盟(OGC)官方标准,于 2008 年正式发布,并于 2012 年升级为 2.0;更具可操作性的中华人民共和国住房和城乡建设部发布的行业标准《城市三维建模技术规范》(CJJ/T 157—2010),也自 2011 年 10 月 1 日起正式实施。国家测绘地理信息局也于 2012 年正式发布《三维地理信息模型数据产品规范》(CH/T 9015—2012)、《三维地理信息模型生产规范》(CH/T 9016—2012)、《三维地理信息模型数据库规范》(CH/T 9017—2012)等一系列中华人民共和国测绘行业标准。这些标准为统一城市三维模型制作技术要求,保证三维空间框架数据的准确性和权威性,为三维城市模型的大规模应用奠定了重要基础。

在信息时代,人们生活在两个世界里:物理的世界和数字的世界。通俗地讲,“数字城市”就是把物理城市数字化。我们生活在日益复杂的三维立体空间中,三维城市模型主要是指以三维坐标(X,Y,Z)表示的地物空间位置、格局与形态结构及其关联的各种属性,旨在

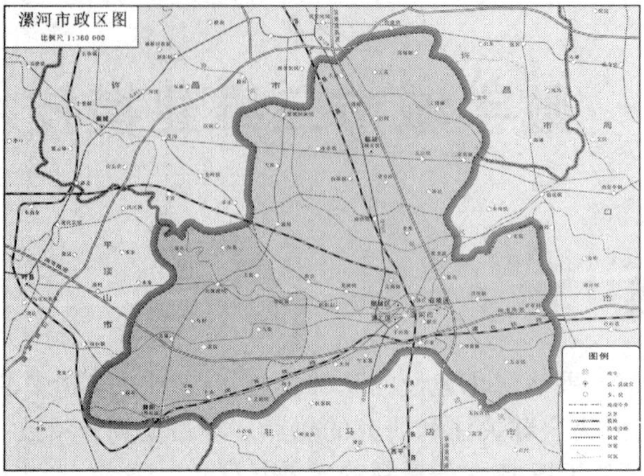

图 1-1　二维地图

图 1-2　三维地图

强调城市范围的地上(见图 1-3)、地下室内(见图 1-4)、室外(见图 1-5)等完整三维空间实体的集成表示,既有自然的地形地貌和地表的各种人工建筑物,又有地下的地质结构、工程设施和建筑物,突出整个三维实体空间一体化的高精度建模和准确度量分析。

图 1-3　数字城市地面

图 1-4　地下室内

图 1-5　室外

数字城市将各种自然和人文的信息集成起来，按照统一的时空基准建立完整的信息模型，基于该模型，城市规划具有更高的效率、更丰富的表现手法、更多的信息量，并提高城市建设的时效性、城市管理的有效性，促进城市的可持续发展。

1.2.2　数字城市三维建模技术

随着城市信息化和地球空间信息技术的发展，国内外数字城市三维建模技术日新月异，标准化、自动化、高精度、精细化的城市三维建模工作，在我国数字城市地理空间框架建设过程中正大规模地开展。

1.2.2.1　国内外发展概述

在国外，2005 年 Google Earth 的问世，极大地推动了三维数字地球（城市）的普及和发展，从此改变了人们与空间信息交互的方式。特别是 2007 年，OGC 将 CityGML1.0 作为官方标准，为数字城市三维模型数据的国际标准制定开启了先河，促进了三维城市模型在城市规划建设与管理等专业领域的深度应用。CityGML 是一种用于三维城市建模数据交换与存储的格式，用于表达三维数字城市的通用数据模型。它不仅定义了城市中最常见地物的类型及相互关系，并表达了地物的几何、拓扑、语义、外观等方面的属性，它包括地物之间的层次与聚合关系以及空间属性等。这些信息不仅是一种图形表达，更可以用于各种应用领域中的高级分析,如三维模拟、城市数据挖掘、设施管理等。

CityGML 是一种开放数据模型,它基于 XML 来实现三维城市模型的数据存储与交换,它是 GML3 的一种应用模式。GML3 是由 OGC 和 ISO/TC 211 制定的可扩展的国际标准,可用于空间数据交换。CityGML 的目标是成为一个开放的标准,它的工作始于 2002 年,最早由德国北莱茵河威斯特伐利亚区的地理空间数据基础设施三维特别工作组(SDI 3D)制定。SDI 3D 最近又提出了 Web 3D Service(W3DS),用于三维模型服务。当前,为了更好地把三维城市模型应用到现实生活生产中,OGC 正在研究关于室内导航应用的空间信息标准 IndoorGML。

在国内,2001 年初,由原建设部牵头的“城市规划、建设、管理与服务数字化工程”获得国家“十五”重点科技攻关立项。从标准规范与政策法规、技术研究与软件开发、应用示范工程等方面开展数字城市的研究与建设。同年,建设部发文将数字城市列为建设领域两大重点之一。数字城市的核心技术——GIS 平台软件研制,列入国家“九五”和“十五”的“863”计划的重中之重项目;将“数字城市建设”列入国家“十一五”期间发展的战略重点;将地理信息系统软件产业发展作为我国软件产业发展的首要产业。众多城市的政府部门也非常重视数字城市建设。

北京、上海、重庆、广州、武汉、深圳、苏州、厦门、杭州、南京等地,都制定了数字城市的发展规划,并开展数字城市建设。基础测绘成果日益完善,并建立了城市空间数据基础设施。在此基础上,一些城市开始以局部为试点建立城市三维模型及应用系统,辅助城市建设和管理,成为三维数字城市建设的先行者。“数字武汉”“数字广州”“数字深圳”等项目的建设在全国起到了积极的示范作用。

在 2010 年和 2012 年,住房和城乡建设部和国家测绘地理信息局分别颁布了城市三维建模的规范,规范了城市三维模型制作技术要求,为三维模型数据的获取、加工、处理、集成、建库提供了依据。城市三维建模标准对推进城市三维模型数据共享、共用,以及及时、准确地为城市规划、建设、运营、管理提供了技术支撑。“三维矢量数据采集、处理、表达及在三维景观建模中的应用研究”也被列为测绘科技发展“十二五”规划的重点关键技术,这将从概念上突破已有二维数字线划图(DLG)对现实世界的抽象表示,促进从现实世界直接到三维 GIS 的映射(或镜像表示)。

通常情况下,精细化的地理实体模型主要应用于城市规划建设、管理和信息化等方面,而越来越多的社会化和大众化三维应用及服务,则需要数据更简单、成本更低的三维城市模型。因此,尽管基于星载或机载的干涉雷达测量、摄影测量和激光扫描等新一代对地观测技术,使得全球范围的高精度地形表面模型快速获取成为现实,但快速获取大范围复杂目标的高精度、多细节层次的三维几何模型仍然是世界性难题,而详细的室内和地下三维自动建模更具挑战性。所以,现有的大部分精细化三维城市模型生产还主要依靠人工手段建模,效率很低,成本较高。同时,三维空间数据内容的局限性和片面性也制约了其应用的广度和深度。

近十多年来,国内越来越多的部门和单位针对数字城市开展了广泛的研究与实践。1997 年,清华大学成立中国第一个“虚拟制造中心”,进行异地协同仿真研究。1998 年,浙江大学建成国内第一套用于虚拟现实技术的 CAVE 系统。1999 年,武汉大学测绘遥感信息工程国家重点实验室成功解决了构建数字城市的三维 GIS 关键技术,实现了城市三维模型快速重建,以及大范围海量数据动态装载和多种类型空间数据有效组织与集成管理等。2001年,南京大学专门组建了以数字城市为方向的城市规划与区域开发模拟实验室,用于建立大型城市仿真与虚拟现实系统,形成了具有较强计算能力的数字仿真计算分析系统,拥有国内最先进的Power Wall立体仿真屏和虚拟现实环境(见图1-6)。

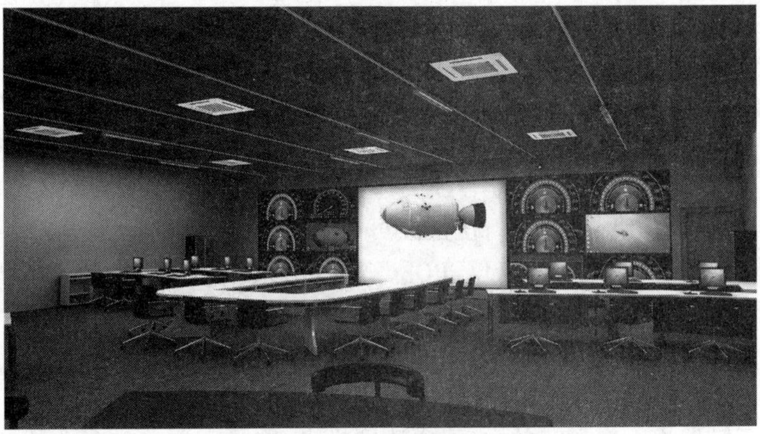

图1-6 虚拟仿真

国家测绘地理信息局国土测绘司在2012年2月发布了《关于加快数字城市建设推广应用工作的通知》,要求各地测绘地理信息行政主管部门进一步提高对数字城市建设工作的认识,全面开展地级以上城市推广工作,加快推进已立项城市的建设工作,尽快解决已具建设规模但未立项的数字城市建设问题,做好困难地区数字城市建设,不断提高数字城市应用水平,努力提升技术水平,做好技术支撑,积极推进县级和各类开发区数字城市建设,加快与"天地图"对接,及时做好成果归档与数据共享,督促建立并落实长效机制,认真做好平台的运行服务,适时启动智慧城市试点工作。强化人才培养,加大宣传力度,进一步在强决策、精管理、惠民生、促发展等方面发挥应有的作用。

广东南方数码科技有限公司自2009年开始实施数字城市三维建模的工程项目,从单一的三维模型生产,逐步到各种建模新技术的开发,再到集成技术及三维GIS平台的研制,至今已形成了一套数字城市三维建模的完整解决方案,并在北京、上海、重庆、合肥、长沙等20多个城市的三维建模工程中得到了成功应用。

1.2.2.2 城市三维建模技术进展

城市三维建模技术经过多年的发展,已经逐步从人工交互式建模,发展为利用天、空、地、多平台、多传感器获取的三维空间数据,实现半自动或全自动建模,具体技术进展体现在软件和硬件两方面。

软件的发展,包括建模软件和应用平台软件。数字城市三维建模在早期的项目实施中,基本上是采用诸如Autodesk公司的3ds Max之类的商业化三维动画渲染和制作软件进行模型的建立、贴图、烘焙及展示。至今,大多数三维精细场景和细部结构的建模仍然需要借助于3ds Max之类的计算机辅助设计(CAD)软件才能较好地完成。

随着数字城市三维建模快速发展的需要,一些GIS软件企业也在推出快速建模的软件,如ESRI公司的CityEngine、Skyline公司的TerraExplorerPro,此类软件能快速地实施大面积有固定规则、结构细节要求统一的建筑模型生产,但在纹理的处理上,只能批量贴赋通用纹理，整体仿真度不高。三维激光扫描设备投入到三维数字城市模型生产后，相应点云批量生成白模型的软件也随之推出，如加拿大 Optech 公司的 PolyWorks 软件、芬兰的 TerraSolid 软件，以及由 MIT 的 Martin Isenburg 和加州大学伯克利分校的 Jonathan Richard Shewchuk 的 Lastools 软件。这些软件的开发，为三维激光扫描点云数据的处理提供了可行性。三维的可视化和应用平台软件，国际上十分普遍，目前在国内用得比较多的有 Skyline、ArcGlobe、NewMap、SuperMap、Uniscope、CityMaker、EAVR 等，这些软件为数字城市三维展示提供了多种平台选择。在国内常用的三维展示平台中，呈现出百花齐放的特点，CityMaker 侧重效果仿真，Skyline 侧重二次开发接口，ArcGlobe 侧重数据库管理，Uniscope 侧重大数据量集成，EAVR 侧重实时定位应用，SuperMap 侧重跨平台，二、三维一体化。就数字城市三维平台的发展来看，大数据、多应用、高仿真、便管理、优性能、可计算等是其主要的发展方向。

卫星、无人机、传感器、数码航摄仪、POS、三维激光扫描仪、高性能轻便型计算机、高速宽带网络等高精尖的 IT 硬件设备不断涌现，以及遥感、GIS、实时定位、虚拟环境等地球空间信息技术的迅速发展，共同促进了传统的城市三维建模技术及其应用的革命性变化。最初的城市三维建模技术主要采用 CAD，通过输入模型的尺寸数据，全手动建立三维模型。这个阶段的城市三维建模工作量非常大，建模速度极慢，并且需要非常专业的技术人员，空间位置和形状的几何精度难以保证。直到 20 世纪 90 年代，开始利用 GIS 丰富的空间信息，通过半自动化批量地生产大范围的城市体块模型。在 21 世纪初，摄影测量与遥感技术被广泛应用于城市三维建模，逐步实现自动化快速采集数字城市三维建模所需的空间数据、属性数据和纹理数据，并能实现简单规则模型的三维自动重建，这方面的典型代表是美国苹果公司收购的三维地图技术开发商 C3 Technologies，其三维地图模型并不需要人工创建，采用 5 台专业级单反数码相机，使用小型飞机或遥控无人机，沿特定角度采集城市照片，最终自动创建完全基于真实细节的三维地图模型。

随着三维城市建模技术的发展，三维城市模型至少有两个显著不同的主导应用：一个是专业化应用，另一个是大众化应用。

专业化应用需求，无疑是牵引 GIS 核心技术持续创新的源动力，而大众化应用主要基于成熟的 GIS 技术和商业运作。GIS 技术本来是为了土地规划管理专业应用需求而诞生的，随着 GIS 的不断成熟和网络化发展，普通百姓却日益成为最广大的用户群体。如果说专业化应用更依赖 GIS 提供精确可靠的度量分析（metric），那么普通百姓则需要更加灵活、直观的可视导航（visual）。与这两种需求紧密相关的是 GIS 最核心的空间数据基础：精确度量分析的数据基础是图形（graphic），而逼真可视导航的数据基础则是图像（image）。由此就很容易理解为什么高分辨率遥感影像能促使 GIS 大众化应用迅速普及了（《Nature》杂志，2004 年 1 月 22 日“Mapping Opportunities”一文）。很显然，专业化应用的 GIS 精确建模与解析、分析功能要比大众化应用的影像地图导航定位功能复杂得多，因为大众化的地图导航服务（如各种基于 DEM 和 DOM 的可量测虚拟地球服务，以及实景三维地图和视频 GIS 服务等），一般只需要非常简单的数据模型和简单少量的可视化查询与分析功能。

随着中国特色的城市化发展加速推进，垂直城市作为一个复杂的巨系统，迫切需要发展兼顾地上、地下大立体空间环境的城市规划设计、工程适宜性评价与优化设计、地质灾害与风险评价、应急响应决策等新技术，三维 GIS 技术在面向这样的专业化应用中发挥着不可替代的作用。随着 GIS 应用从辅助宏观规划管理决策到支撑微观设计和建设工程的不断深入,从二维到三维的必然发展趋势正呈现一个加速态势,三维 GIS 的专业化应用将直接贯穿一个工程的全过程(生命周期),而三维 GIS 与计算机辅助设计(CAD)、建筑信息模型(BIM)和建筑工程与建设(AEC)的无缝集成正有力推动整个数字城市的建设与发展,并将极大地促进智慧城市的健康发展。

数字城市三维建模技术的可持续发展,首先要实现多源超大数据量无缝集成和快速流畅的三维可视化平台的开发,并有强大的三维数据管理、编辑、分析、更新、集成等功能;再者是需要有多领域、多应用的专业分析应用模型,并有完备的专业科学的经验数据,支撑各项专业应用;然后是建立可操作的数据更新机制,以及与云服务、物联网、传感器等进行耦合,保证多时空、多专业的动态多元数据实时无缝地更新和集成,实现“一套数据、一个平台、多维时空、多种用途”。

1.2.2.3 数字城市三维建模的主要任务

数字城市建设已成为当前城市信息化建设的主要内容。在构建数字城市的过程中,城市景观三维建模是一个重要的组成部分,也是摄影测量与遥感、地理信息系统及计算机等学科的热点研究内容之一。三维模型通过更全面、更直观的空间三维表达,展示物理城市的真实形态,是数字城市的数据基础。三维城市建模在目前数字城市中的任务是把原来二维的基础地形数据三维化,以满足“数字城市”“智慧城市”日益增强的三维立体化、精细化需要。三维城市模型在数字城市中的作用首先是作为基础地图数据,为数字城市的各个功能、应用、服务做支撑;再次是通过逼真的纹理表现现实中的形态,为民众定位提供直观的参考;最后是完备丰富的室内、室外、地上、地下等立体空间的三维表达,以及完备、高精度的高程和高度信息,为专业部门和专业应用提供数据服务,为城市规划、环保、防灾等科研提供数据基础。

数字城市三维建模现阶段的主要任务概括来说就是快速、精确地把现状城市景观数字化,这其中包括以下三个方面的内容:

首先是城市地物形状与结构的三维数字化,这主要是通过测绘和计算机技术,把实地地形、地物、地貌等对象,根据原物体的真实尺寸数字化。这方面的主要进展是提高数据获取的精度,实现三维建模的高效、自动化和智能化水平。在目前的数字城市三维建模实践中,地面三维激光扫描多用在考古,倾斜摄影测量多用在城市建模快速构建,实景三维测量(DMI)多用在街景采集等。

其次,数字城市三维建模的第二个任务是实景纹理采集。如何快速、准确、有效地采集实地纹理,是目前国内数字城市三维建模的主要工作之一。在当前的技术下,高精度且准确的纹理,还是需要用手持式数码相机人工在现场拍照,这种方式效率较慢,在大面积的三维模型生产中成本较高。因此,倾斜摄影测量自动采集纹理技术成为当前普遍关注的焦点,并已经在纹理要求不高的数字城市三维模型生产中得到应用,但用于数字城市精细三维模型的生产还需要进行大量的试验和改进。

数字城市三维建模的第三个任务是提供海量多源数据的集成及多用途的三维可视化应用与服务。在实践中,大规模三维城市建模在技术上已不存在很大困难,只是在自动化、智能化和高效率建模技术上的研究需有新的进展和突破,但城市级海量三维模型数据的高性能可视化和共享应用技术还是当前面临的主要挑战。在目前常用三维可视化平台的加载极限测试中,大多数可视化平台在加载了超过 50 km^2 的精细建筑和地形三维模型时,展示和浏览的速度均已不能满足正常的使用要求。另外,较深层次的行业应用也是当前数字城市三维模型数据的短板,大部分的数字城市三维模型生产出来后,只停留在看的层面,产生不了效益,还需要花更大力气,更深入地研究三维城市该如何应用。

1.2.3 三维 GIS 技术简介

三维城市模型深度应用的核心技术支撑是三维 GIS 技术。众所周知,二维 GIS 主要针对三维空间实体在平面地图空间中符号化的二维抽象表达。以摩天大楼和地铁等为代表的地上空间和地下空间的大规模开发利用,正使得垂直的三维城市空间变得极为复杂和充满风险。二维 GIS 技术难以完整、准确表示三维城市空间的局限越来越明显,迫切需要突破三维空间实体集成表示(三维 GIS)的瓶颈问题,而三维 GIS 这种集成表示统一考虑了三维空间实体的几何、拓扑、外观和语义信息,支持多专业多源数据(包括既有的地图数据、现势的传感器数据和对未来的规划设计数据)的集成管理和深度综合应用,三维的城市空间框架数据将是城市规划设计、建设管理、安全防范和综合竞争能力的重要依托。

近年来,三维 GIS 技术取得了突飞猛进的发展,尤其是在城市立体空间多层次的统一表达,文件系统与关系数据库系统多种模式下的高效数据库管理技术,海量三维模型数据的高性能交互式可视化技术,以及二、三维地理空间信息关联分析技术等方面,并在大中小各级数字城市建设与发展中得到了越来越普及的应用,大大提升了城市规划、管理与服务的技术水平和能力,并直接为大众提供了更加直观、灵活方便的空间信息服务。

1.2.3.1 三维 GIS 模型数据的多尺度统一表示

从现实世界到三维 GIS 的映射具有以下不同的模式:

(1)三维立体像素(点云)模型,可由激光扫描和摄影测量等技术自动化地快速建立,支持高性能的三维几何分析。

(2)三维特征矢量模型,可由多源数据集成的(半)自动化方式建立,支持准确的三维空间分析、语义拓扑分析和真实感可视化。

(3)三维数值模拟模型,可由观测数据结合物理模型和行为模型自动化地建立,支持复杂时空现象动态演变过程的模拟、预测与评估。

(4)三维立体像对模型,可由摄影测量像对采用共线方程快速建立,支持快速的立体可视和三维量测,多用于地形地貌的立体测图。

由于人的视觉感观是获取环境信息的第一手段,所以在实际应用中,三维模型数据的可视化是可用的第一因素。而又因人的视觉能力、环境光的影响、设备显示的分辨率,以及物体角度、方位和距离的差异,同一三维模型在不同的设备上显示的效果可能不一样,或在同一设备上的不同位置、不同距离的显示效果不一样。三维 GIS 模型数据需要显示得越精细,效果要求越逼真,对模型结构和纹理的细节要求也就越高,对数据处理设备的性能要求也就越高,对可视化显示设备的渲染能力要求也就越高。

目前,不管是设备的性能还是渲染能力,都是很有限的,难以同步快速提升。三维模型数据量的大小却是随着数据范围、数据精度、数据内容的不断增加而持续性地增加,当这种矛盾的临界点出现时,我们的数据将无法使用。因此,怎么在建模的生产流程中合理有效地优化数据,怎么在可视化软件中自动处理在不同视点、方位、距离所应表示的精度,怎么平滑过渡在不同显示分辨率条件下的无缝切换,就是三维 GIS 多尺度表示的基本内容。

三维 GIS 的主要特征之一就是模型数据可多尺度表示，即多细节层次表现技术(LOD)。多细节层次表现技术可以分成静态和动态两种。静态多细节层次表现技术类似于二维 GIS 地图数据中的多比例尺概念，在数据表现前先按不同距离和精细程度的显示要求，预生成多个精细级别的模型，并存储在数据库中，待用户在可视化操作时，根据用户操作的显示级别，直接调用相应级别的模型数据。它的优点是提前处理好了多种级别数据，省略了实时化简模型时的处理时间和减少了占用的计算机资源。但是，因同一个数据有多个级别，增加了存储数据所用的空间。另外，在实际使用时，模型精细程度的分级很难细化到人眼无法识别的程度，因此在不同精细程度的模型间切换时容易产生视觉效果突变。动态多细节层次表现技术的效果类似于人眼在真实世界观看物体的视觉感受，按从近到远时的感观细节、清晰度、视点敏感度等发生渐变的原理，在可视化时，根据视点的变化动态地生成持续的各级别简化模型，并参照真实视觉效果的顺序和位置排列，实现模型视感在视点变化时的连续平滑过渡，防止视觉突变的产生。

目前，主要的模型简化算法有两种，一种是模型的几何结构简化，一种是模型的纹理像素简化。模型的几何结构简化可以概括为模型的综合、取舍、抽稀、化简，包括模型细节结构的综合、模型重点结构的取舍、模型连续曲面(球、弧)的抽稀、模型自由曲面的顶点化简等。但是，目前对模型结构简化的技术还不够自动化和智能化，只在连续自由曲面结构的自动简化技术方面较成功(如地面数字高程模型)。在对建筑物等不规则几何体进行结构简化时，由于大部分人工建筑的形状没有规律，很难用一个量化的标准去规定，做到全自动化的结构化简，必须结合人机交互才能完成需要的效果。在纹理简化方面，相对于结构简化在原理上和技术上均简单一些，也容易一些。我们可以根据纹理所处的远近去考虑所需显示的像元数，把纹理的像元按与视点的距离进行比例衰减，如一张纹理在 1 m 观看时尺寸为 1 024×1 024，在 5 m 观看时为 512×512，在 10 m 时为 256×256，在 20 m 时为 128×128，依此类推，以保证纹理在不同位置的显示精度需要，同时较好地减少了数据量。在实际的应用中，为了实现模型数据的多尺度统一表示，在处理同一个数据时常结合静态多细节层次表现和动态多细节层次表现技术，综合性地分配机器性能和存储空间，以达到更优的可视化效果。

另外，数字城市三维模型数据的多尺度表示，也体现在多源数据集成可视化的过程。在现阶段的数字城市空间框架共享平台中，往往需要集成和共用多种数据，包括 4D(DLG、DEM、DOM、DRG)数据、专题数据、专业数据、统计分析数据等。这些数据有各种格式和特性，有 0 维的属性表格资料，有 1 维的档案扫描资料，有 2 维的普通地图数据，有 2.5 维的数字高程模型，有 3 维的真三维模型，甚至还有 4 维的叠加时间维度的真三维模型，这些数据的整合与统一表达也是数字城市使用的必备条件。多尺度多源三维模型数据的统一包括了空间基准的统一(坐标系统)、几何结构的统一(比例尺)、语义的统一(属性)、拓扑关系的统一(空间关系)、可视化感观的统一(纹理表现)。

通常在实际使用数据的过程中，要求数据在多尺度集成时无缝，在统一表示过渡时平滑流畅，这就需要数据的加工处理方法和生产工艺有针对性的操作流程，数据的集成使用有量化的标准规范。在实际的三维模型数据多尺度统一表示时，我们常先规定数据生产的详细标准，限定数据的精细程度和表现要求，确定数据的存储方式和属性内容，规定数据的集成和可视化方案，确定数据的可视化简化规则，以最终实现实用和流畅的多尺度统一表现效果。

1.2.3.2　三维 GIS 数据获取与建模技术

三维 GIS 技术最重要的进展之一是三维空间数据获取技术的进步，这是三维城市模型真正普及应用的重要保障，特别是航空与近景摄影测量、机载与地面激光扫描、地面移动测量与 GPS 等传感器的精度和速度都有了明显的提高。大量的研究致力于地物（尤其是人工地物）的三维自动重建，而依据分辨率、精度、时间和成本等的不同已经有许多不同的技术方法可供选择。其中，作为三维城市模型主要内容之一的建筑物表面矢量特征模型的三维重建方法就有如下三类：

（1）基于地图的方法，利用已有 GIS、地图和 CAD 提供的二维平面数据以及其他高度辅助数据，经济、快速地建立建筑物块体模型。

（2）基于图像的方法，利用近景、航空与遥感图像建立包括顶部细节在内的逼真表面模型，特别是倾斜摄影测量在规则形状建筑物的自动三维重建方面近年来取得了突破，并在三维城市建模中得到了应用。

（3）基于点云的方法，利用激光扫描和地面移动测量快速获得的大量三维点云数据建立建筑物的几何表面模型，机载激光扫描点云密度如果达到每平方米 100 个点左右，规则建筑物三维自动重建的成功率已经可以达到 90%。

三维重建的数据源还可以分为远距离获取的数据（卫星影像、航空影像、空载激光扫描等）、近距离获取的数据（近景摄影、近距激光扫描、人工测量）和 GIS 或 CAD 导出数据三种。不同的数据源对应着不同的三维模型细节和应用范畴。例如，基于遥感影像和机载激光扫描的方法适用于大范围三维模型数据获取，车载数字摄影测量方法适用于走廊地带建模，地面摄影测量方法和近距离激光扫描方法则适用于复杂地物精细建模等。其中，基于影像和机载激光扫描系统的三维模型获取方法能够适用于在大范围地区快速获取地面与建筑物的几何模型和纹理细节，虽然现有技术在很大程度上还依赖人工辅助，但这无疑是最有潜力的三维模型数据自动获取技术之一。

基于已有二维 GIS 数据的简单建模方法具有成本低、自动化程度高的优点，在某些需要快速建立三维模型的领域也有着广泛的应用，这也是现有大多数二维 GIS 提供三维能力的最主要方式。基于 CAD 的人机交互式建模方法将继续用于一些复杂人工目标的全三维逼真重建。另外，基于图像的建模和渲染（Image Based Modeling and Reiidering，IBMR）作为一种新的视觉建模方法，在不需要复杂几何模型的前提下也能够获得具有高度真实感的场景表达，能够较好地解决三维建模过程中模型复杂度、绘制真实感和实时性三者之间的矛盾，大大简化了复杂的数据处理工作，因此也被越来越多地用于各种城市街景的建立，特别是基于图形和图像的两种建模技术，被综合用于高度真实感的三维城市景观模型的创建，这在城市精细化管理和导航服务中具有特殊的价值。

随着三维 GIS 的深入发展和广泛应用，人们越来越关注三维模型数据的准确性、逼真性和有用性。在追求三维模型逼真和准确的同时，带来了数据生产的高投入。与二维空间数据相比，三维空间数据不是简单的一一对应或者扩展，三维空间数据库的建设至今仍然是一项复杂而昂贵的综合性工程。大型三维 GIS 建设的生产效率、质量控制、数据安全和有效存储与管理等问题日益突出，并直接关系到系统建设与应用的成败。决定空间数据具体生产方案的三个要素分别是精度、成本和时间，最终系统的有用性和提供的空间分析能力，又取决于模型的逼真程度及所选择的数据源和建模方法。越来越多的社会化应用与大众服务则要求更简单、灵活、高效，且低成本的三维 GIS 数据快速获取与自动建模技术。

1.2.3.3　三维 GIS 数据库高效管理技术

在国家测绘地理信息局的提倡和推动下，全国的数字城市建设如火如荼地展开，许多城市建成了大面积的三维城市模型。随着数字城市建设的深入，三维城市模型的应用需求也日渐突出，对数据的管理要求也就更高，为了能更好地应用，实现地上、地下、室内、室外三维模型数据的一体化管理需求就显得尤为重要。要实现数据库的高效管理，首先要完成数据紧凑、有效地组织和存储管理，再通过选取高性能的数据库引擎和建立优质的性能管理方式，最后制订准确有效的容量管理计划，以实现三维 GIS 数据库的高效运行。

当前大面积的三维数据管理一般采用两种方式，一种是把数据按建模单元分块存储管理，另一种是按测区图层大文件储存管理。按建模单元分块管理在数据的可视化时，会因设备和平台性能的不足出现单元与单元间的浏览停顿和卡机。按大测区分图层进行三维模型数据储存管理时，又常常因为设备和平台性能的限制，只能集成一定量面积的数据，当加载的数据超过合理范围后，界面操作的交互性，可视化漫游的流畅性，均很难再满足实际应用的需要。目前要解决这样的问题已经有不少研究，比较好的解决方案是采用大型关系数据库管理系统，进行三维城市模型数据的一体化管理，或者对三维模型进行切片，生成缓存，发布成三维地图服务，以满足多用户协同操作、网络共享、数据安全等基本要求。

在三维城市模型数据的大型关系数据库管理系统研究方面，武汉大学测绘遥感信息工程国家重点实验室牵头的研究团队完成的“863”计划重点项目“地理空间的三维建模和分析软件及其应用示范”（http://vrlab. whu. Edus. cn/863/），针对大面积三维城市模型的协同应用，设计实现了一种支持基于 Oracle llg 多模式数据库管理高效的三维 GIS 数据库引擎，提出了包括几何、拓扑、语义的三维空间数据库模型，为地上、地下、室内、室外三维模型数据的高效组织管理提供了方向。引擎通过多层次三维空间索引、多级缓存、多线程调度及异步通信传输等技术，实现了数据库管理系统的一体化建库和管理，支持一个平台多种应用。

在三维城市模型数据应用中，如何快速准确地找到想要的模型对象，再进行处理分析应用，是高效管理的第一关键。从二维城市模型数据的使用经验中，我们知道最有效的快速查找方式是通过空间索引和属性索引。三维城市模型数据的查找、定位、调用也一样，建立高效的三维空间索引可以实现大面积的三维城市模型数据快速检索。而在实际应用中，因不同三维城市模型的特性很难有一个比较统一的共性，很难通过共性去总结通用的空间索引，因此常按管理单元、空间位置建立第一级的索引结构，再采用 R 树索引或 X-List 索引等作为二级索引，以实现三维模型的精确查找定位。三维模型的索引选择与三维模型的特性有着密切的关系，如针对三维模型的细节层次、三维模型的分布、三维模型的结构形状等不一的特性，多采用结构平衡的三维 R 树索引扩展方法。针对拓扑关系复杂的特点，多采用含拓扑关系的 X-List 三维空间索引方法。

当前，计算机设备的性能均是有限的。如何在有限的数据库设备性能中，有效地解决多用户并发引起的性能瓶颈，目前主要通过建立高效的自适应三维模型数据缓存机制实现。缓存机制建立后，可以减少网络的通信量，减轻服务器的负载，提高响应速度，并通过多级缓存的有效配合，提高三维空间数据的调度效率。三维模型数据库引擎的缓存一般包括客户端内存缓存和文件缓存以及服务器内存缓存。客户端内存缓存采用与三维可视化缓存共用，并通过智能指针引用计数机制自动进行维护，再利用缓存池的方式，实现各类三维模型数据的分池管理。客户端文件缓存主要是三维模型数据的索引文件和数据文件,可采用基于空间索引节点统一组织,面向内存结构一致的三维模型数据文件缓存的组织方式,提高了文件缓存数据的访问效率。应用服务器内存缓存采用面向内存块的缓存组织方式,所有数据都采用统一结构的内存块进行管理,并可直接应用于网络的传输,不用进行序列化等预处理操作。最后通过多级缓存自适应管理工具,提供各级缓存统一的接口,对各级缓存的命中率和空间利用率等信息进行统计,以及对各级缓存空间、缓存粒度等内容进行自适应配置。

在三维城市模型数据的可视化过程中,由于多细节层次统一表示的要求和多尺度自适应的原因,在实现可视化时常会产生多种精细级别的三维模型数据,当存在并行多用户同时调用时,会瞬时产生巨大的数据交互请求和临时数据。在这种情况下,就对系统硬件的要求非常高。在硬件性能一定时,为了更好地解决多用户并发产生较大负载,一般可建立多线程模型,以解决多用户并发请求所造成的压力。在武汉大学测绘遥感信息工程国家重点实验室的研究中,搭建基于线程池和数据库链接池的多线程调度模型,可较好地解决该问题。通过线程池模型进行多线程并发控制,再结合动态自适应调整,以及数据库链接池模型的数据库链接重用,最终提高了对数据库操作的性能。

通过研究,建立了基于数据内容的多线程调度任务分配机制,通过并行处理不同类型数据的调度任务,把工作负载合理分配到多核处理器上。同时,通过建立三维模型数据实时调度机制和预调度机制,分别建立不同的线程池和数据库链接池,实现了实时调度和预调度并行处理的目的。再通过基于视点、距离、速度等交互操作的习惯性,预测三维模型数据的使用规律,将下一步可能需要调度的数据预先从数据库中提取出来,加载到服务器缓存中进行管理。因此,较好地提高了应用服务器缓存的命中率,使在实际调度时不需频繁地对数据库操作,大大提高了数据调度的效率。

在多层分布式三维数据库多用户的通信请求上,数据请求客户端和应用服务器之间有大量的通信传输,当并发数据量达到临界值时,通信请求将会瘫痪。为了更好地解决并发请求的问题,可采用异步通信传输机制,在客户端采用专门的线程来处理数据请求的发送和返回,以及三维模型数据的接收;在服务器端采用半同步半异步的线程池模型处理多用户多任务并发,在大数据量的模型几何实体数据和纹理数据传输中,采用了高效的分包和重组机制来提高数据传输的效率。在协同应用中,当多用户并发访问不断增长后,网络流量将会形成瓶颈,此时就需要采用负载均衡技术。它通过把大量的并发访问或数据流量分担到多台节点设备上分别处理,减少用户等待响应的时间,以及把单个重负载的运算分担到多台节点设备上进行并行处理,每个节点设备处理结束后,再将结果汇总和返回给用户,系统处理能力得到大幅度提高,这也是提高数据库管理性能的一个重要手段。

1.2.3.4　三维 GIS 高性能可视化技术

三维可视化是三维城市模型应用的基本功能之一,该技术是一门集计算机数据处理、图像显示的综合性技术。它利用计算机技术和方法,对三维数据进行识别、解释、表现,并用图形图像等形式,将计算过程和结果传输到可视化显示设备中,符号化、图形化、形象化地直观表现,让用户能观看其变化过程,增强用户的洞察力。在三维可视化技术的研究中,一般先把三维物体投影变换为二维图形,并在显示过程中通过消隐技术、明暗处理技术、画面绘制技术以达到在显示设备中较真实地还原人眼观看物体的真实感受。在目前的三维应用中,多用 OpenGL 接口实现可视化。OpenGL 是目前三维领域中最为广泛使用的图形软件接口,它与硬件无关,能在不同的操作系统之间进行移植。OpenGL 是图形的底层图形库,它没有提供几何实体图元,也不能直接用以描述场景。但是,它能通过转换工具方便地把 Auto-CAD、3ds Max 等三维图形设计软件生产的三维模型文件转换成 OpenGL 的顶点数组,并实现可视化。

在可视化技术的性能提高上,目前多通过三维绘制的加速处理技术来实现。三维绘制的加速处理技术分为三方面:一是基于视点远近的 LOD 技术,二是基于视点的可见面冗余数据剔除技术,三是通过视点和视距自动纹理细节层次的映射技术。

基于视点远近的多细节层次显示技术是属于模型的几何和纹理简化技术,通过可视化需要,预先生产多细节层次模型并储存,在可视化时根据显示级别进行调用;或是采用综合、取舍、抽稀、化简等方式,通过制定规则,完成模型的自动简化和显示。

冗余数据的检选先通过包围盒、八叉树等可见性判断技术选取有效对象,再把可见对象背向视点方向的不可见几何面删除,以减少需绘制的几何面,提高可视化速度和所占用资源。

视点和视距自动纹理细节层次映射技术,主要是为了解决大数据量纹理映射到较小区域时,造成的数据冗余和可视化图像失真问题;在生产模型时为了达到足够的清晰度和精度,通常会使用分辨率较高的映射纹理图像,数据量较大,当整个视窗均采用同一显示精度级别时,就会因数据量过大造成系统绘制性能的严重下降,而且当大量的纹理图像数据映射到一个相对视点较小的平面上时,就造成了数据的大量冗余,还可能引起图像的闪烁和晃动。因此,按一定的算法把纹理预先处理为大小不同的等级,再根据透视变换的效果自动选取不同等级的图像进行映射,最终能较好地提高三维模型的可视化性能。

碰撞检测技术,是为了使三维可视化系统更接近真实世界,以及人与三维平台的交互更准确和科学而引入的三维可视化技术。在三维平台中的物体是以计算机产生的几何模型形式存在的,是一串数字串,它本身占有规定的几何空间位置,但也具有了真实世界中不应该存在的穿透性,或者以一种非现实的方式相互穿插。这些现象在现实世界中是不可能发生的,因为现实世界中物体占据一定的空间,物体间总会发生碰撞,因此要使系统更合理科学,就需要对虚拟世界中的物体进行碰撞检测。在三维空间中的碰撞检测一般采用包围盒或包围球的方法,包围盒算法首先对三维几何模型构造外接包围盒,再通过两个模型外接包围盒的相互关系,计算出两个对象的相互位置和运动关系。包围盒算法是一种求解离散点集最优包围空间的方法,基本思想是用体积稍大且特性简单的包围盒来近似地代替复杂的几何对象,起到简化算法的目的。包围盒有两个属性:简单性主要指使包围盒间进行相交测试时需要的计算量少,这就要求几何形状简单,容易计算,并且在计算相交测试时简单快速;紧密性要求包围盒尽可能地贴近被包围的对象,它决定了需要进行相交测试的包围盒的数量,紧密性好则参与相交测试的包围盒数量就少。包围球算法多用在对象在不规则运动下的碰撞检测,当检测的三维模型存在旋转、平移等不规则运动时,采用包围球不需要把碰撞的时间、角度、位置等因素参与计算,更容易得到快速合理的碰撞结果,但当三维模型存在形变性质时,就需要重新计算对象的包围球,因此在模型存在形变的计算中较少使用。

粒子系统是为了在三维可视化系统中虚拟和丰富真实自然界的一些模糊现象而衍生的系统。在三维虚拟城市环境中,一些特定的模糊现象很难用传统的渲染技术去还原真实感,如火、爆炸、烟、雨、火花、落叶、云、雾、雪、尘、流星尾迹等抽象视觉效果,就需要采用粒子系统实现。

一般粒子系统的一个生命周期有模拟阶段和渲染阶段,每个循环通过产生新粒子,并赋予粒子相应的属性,生命期完结粒子消亡,剩余粒子属性改变,生成动画图像。在模拟阶段,根据速度和间隔计算生成新粒子的数目,把每个粒子根据需要在特定的位置置入发射器,并在特定的三维空间内生成,而且可根据发射器设置的参数初始化每个粒子的速度、颜色、生命周期等。通过检查,当其中的某些粒子超出了生命周期,就把这些粒子剔除模拟过程,或者重新更改粒子的位置与特性。在更新模拟阶段完成后,通过将粒子进行纹理映射和渲染,形成动态的可视化结果。在三维可视化平台中,考虑到数据量较大,为了减少可视化带来的性能压力,又衍生出了一种伪粒子系统。伪粒子系统先将图元指定动态的带 Alpha 通道纹理,这些纹理是一个由多帧按时间顺序组成的反映模拟现象变化的过程图片,实现了由一个图元代替原来需要许多图元才能表示的景象,大大减少了计算机资源的占用。伪粒子系统的关键是采用视角跟随的 Billboard 图元绘制方法及制作具有动态连续特性的 Alpha Channel 纹理图片组。

1.2.3.5　三维 GIS 空间分析技术

三维空间分析是三维 GIS 的典型功能之一。一般包括三维相交算法、三维点集查询、三维离散算法、三维布尔运算等基础空间分析算法,以及在此基础上拓展的几何分析、缓冲区分析、表面分析、统计分析、网络分析等通用分析算法。再根据应用可细分为空间量测、叠置分析、路径分析、地形分析、剖面分析、通视分析、日照分析、流域分析、地质分析、淹没分析、管线分析、视觉景观分析、适宜性评价等典型分析应用。

三维地形分析从复杂性角度,可以分为基本地形因子的计算和复杂的地形分析两类,主要有通视分析、水淹分析、剖切分析、水文分析、道路分析、地形特征提取、水系特征提取等。各种分析与地形模型的内容是紧密相关的,不同结构的地形模型所应采用的地形分析方法也不同,如数字高程模型中基于规则方格网的与基于 TIN 三角网或基于等高线的分析在算法与处理上都不相同。通视分析是以某一视点为观察点,研究该点在区域内通视情况的地形分析,首先确定观察点和目标点的连线,再把连线与地形模型进行分析,若有相交点,则观察点和目标点不可视。剖切分析是采用一个假定的垂面与地形表面相交,并显示剖切后地形地面下的情况,主要用于研究区域的地貌形态、轮廓形状、地势变化、地质构造、地表切割强度等信息。

城市物理环境分析是对城市物理作用引起的环境效果变化所进行的分析。如城市三维噪声是分析工矿企业的机器和交通道路的车辆产生的噪声与振动对人类生活生产造成的影响,主要采用了缓冲区分析、空间统计分析、流域分析等,对噪声的强度、范围、持续时间、衰减方式等进行采集和分析,为控制、减弱、防治噪声灾害提供依据。城市道路汽车尾气散布研究是在建立城市三维景观模型的基础上,主要采用了路径分析、流域分析等,检测各交通道路上有害气体的浓度和散布规律,分析对人民大众生活生产造成的影响,结合可持续发展的需要,对城市车辆限行、城市道路规划提供依据。城市冷桥系统分析是通过建立城市三维景观模型,结合城市的地理位置、周边环境、地形地貌、气候特征和气候规律等专业数据,主要采用叠置分析、网络分析、路径分析、流域分析等,对城市建筑规划建设所造成的城市冷桥、城市热岛、城市风道、城市气候、空气流动等信息进行分析,为城市的规划建设和改造提供数据依据。

较典型的城市三维空间分析有动态日照阴影分析、三维交通寻径与导航分析等。动态的日照阴影分析通过城市建筑三维空间几何数据,结合地理数据和太阳运动数据,采用日照分析、通视分析,把城市的日照和阴影模拟出来。三维交通寻径与导航分析根据城市的路网、交通指示等信息,采用路径分析、网络分析,找出两个地理位置间的最优化行车路线,并根据城市交通指示的要求,进行自动寻径和导航。

1.2.3.6 虚拟现实技术

虚拟现实技术越来越多地被运用于三维城市模型的真实感展示和自然交互中,虚拟现实可以看成是利用电脑模拟或产生一个与真实一样的三维虚拟世界,如把城市三维电子数字化,再提供使用者关于视觉、听觉、触觉等感官的模拟,让使用者在三维空间中如同身处真实环境一样,并可以及时、任意地观察三维空间内的事物。

虚拟现实(Virtual Reality)是一种综合计算机图形技术、多媒体技术、传感器技术、显示技术和仿真技术等多种学科而发展起来的应用技术,它以模拟的方式建造一个实时反映实体对象变化与相互作用的三维图形世界,在视、听、触、摸等感知行为的逼真体验中,使参与者可以获得直接参与和探索虚拟对象在所处环境中的作用与变化。虚拟现实反映给大众的效果,就是在计算机等平台中,直观地设身到某地的物理世界中,把对时间和空间的感知模拟到计算机中,并操作、控制环境,实现自己的目的,即人是这种环境的主宰。

"虚拟现实"是最早在20世纪60年代提出来的一个概念,利用立体声和三维立体显示相结合的计算机系统建立一种新的用户界面,使用者可以置身于计算机表示的三维空间环境中,并可以通过眼、手、耳或特殊的空间传感装置在这个环境中漫游,创造出一种"身临其境"的感觉。

"虚拟现实"技术通过三维计算机图形学技术、多功能传感器交互式接口技术、高清晰度显示技术进行综合,衍生出一种可视化界面技术,用于建立虚拟环境,精确表示物体的状态模型,并进行真实的可视化渲染,再通过与用户的交互,为用户提供逼真的三维视觉、听觉、触觉和嗅觉的感受。用户可通过传感技术,通过操作前、后、左、右、上、下6个自由度在仿真环境里进行交互操作。虚拟现实不仅是一幅画面,更重要的是可以通过感观交互,并在精神感觉上进入环境,这其中也需要人工智能、模糊逻辑和神经元技术。

"虚拟现实"的基本特征包括多感知性、沉浸感、交互性、想象性。多感知性是在计算机技术最常用的视觉感知和听觉感知外,加上人类在生活生产活动中还可能需要的力觉感知、触觉感知、运动感知、味觉感知、嗅觉感知等。最理想的"虚拟现实"是具有一切人所具有的感知功能,但由于传感技术的限制,当前的虚拟现实技术具有的感知功能一般只有视觉、听觉、力觉、触觉、运动等几种。沉浸感又称临场感,指用户存在于模拟环境中的真实程度。好的模拟环境应该让用户在环境中难以分辨真假,能全身心地投入到计算机创建的三维虚拟环境中,并认为所处的环境看上去是真的,听上去是真的,动起来是真的,闻起来是真的,尝起来等一切感觉也是真的,就像是在现实世界中的感觉一样。交互性是指在模拟环境中对象的可操作程度,以及从环境得到反馈的自然程度和实时性。想象性表示虚拟现实须有广阔的可想象空间,可拓宽人类的认知范围,既可以再现真实存在的环境,又可以随意构想真实不存在的环境,甚至是构想不可能发生的环境。

1.3　项目实施

任务 1　认识数字三维模型

【任务描述】

通过观赏三维模型案例，加深人们对三维世界的认识，激发读者对三维模型创建的兴趣。

【任务流程】

学习相关背景知识→观看三维视频。

【任务实施】

1. 收集三维数据资料（包括图片、视频、动画）。

2. 演示三维数据资料。

3. 结论：①三维地图和平面地图有哪些异同？②三维地图的优势有哪些？③三维地图与数字城市的关系是什么？

1.4　课后作业

1. 三维地图和平面地图有哪些异同？
2. 三维地图的优势有哪些？
3. 三维地图与数字城市的关系是什么？

项目2 初识 3ds Max

2.1 项目描述

3ds Max 是应用于 PC 平台的三维建模、动画、渲染软件,由美国 Autodesk 公司出品。本项目介绍的是 3ds Max 2010 简体中文版。相较于以前的版本,3ds Max 2010 在许多方面都有所完善和提高,其最显著的特点是顺应计算机软硬件的发展,推出了适用于 64 位微机的版本(同时也保留了传统的 32 位版本)。借助于 64 位计算机强大的运算能力,3ds Max 工作效率得到了不小的提升。通过 3ds Max 2010 软件的操作,熟悉 3ds Max 工作界面,熟练操作 3ds Max 的三维建模、动画、渲染等相关工具。

【学习目标】

让读者对 3ds Max 的用户界面、工作环境、工具等快速熟悉。掌握基础三维建模工具,为数字城市三维建模打下基础。

【学习重点】

掌握 3ds Max 工作界面及工具使用。

【学习难点】

理解 3ds Max 工具及其操作。

2.2 背景知识

2.2.1 3ds Max 简介

如今,三维动画已逐步渗入人们生活的每一个角落,并呈现出多元化的趋势,涉及的范围也越来越广,已广泛应用于广告、影视、工业设计、建筑设计、多媒体制作、游戏、辅助教学以及工程可视化等领域。

2.2.1.1 影视广告制作

在国内外,计算机三维动画目前广泛应用于影视广告制作行业。不论是科幻影片、电视片头,还是行业广告,都可以看到三维动画的踪影,各个电视台的片头大多可以看到计算机三维动画的踪迹,如图 2-1 所示。制作软件多为 XSI 与一些非线性编辑软件等。

2.2.1.2 建筑效果图制作

建筑业也大量使用三维动画来设计展示建筑结构和装潢,使用大一统动画工具绘制的效果图更精确,效果也更理想、更令人满意,如图 2-2 所示。

2.2.1.3 计算机游戏制作

计算机游戏在国外比较盛行,有很多著名的计算机游戏中的三维场景与角色就是利用一些三维软件制作而成的。例"魔兽争霸Ⅲ"就是利用著名的三维动画制作软件 3ds Max 4

来完成人物角色的设计、三维场景的制作的,如图 2-3 所示。

图 2-1　三维影视片头

图 2-2　建筑效果图

图 2-3　利用三维动画软件进行计算机游戏的辅助制作

2.2.1.4　其他方面

除以上几方面外,三维动画还应用于国防军事方面,如用三维动画来模拟火箭的发射,进行飞行模拟训练等非常直观有效,节省资金。此外,三维动画在工业制造、医疗卫生、法律(例如事故分析)、娱乐、教育等方面也有一定的应用。

2.2.2　3ds Max 2010 的新增功能

3ds Max 2010 与以前推出的 3ds Max 各个版本相比,无论是易用性、界面友好性,还是渲染质量、速度和运行稳定性都有了质的提高,主要体现在以下几个方面。

2.2.2.1　动画图层的功能

在 3ds Max 2010 中添加了动画图层的功能,可以在不同的层中放置不同的动画,这极大地增强了动画的可操控性,能让设计者很轻松地完成一些扭曲变形(如表情动画)和其他的一些复杂动画效果,还可以根据动画的需要进行层的开关以及层与层之间的动画的混合,并且可以在不修改动画关键帧的情况下对动画的整体范围和动画强度进行修改。

2.2.2.2　Mental ray 3.5 的强大更新

(1)新增加了两种材质,具体情况如下所述:

Car paint material:强大的车漆材质,使用默认的参数就可以得到非常不错的效果。

Arch & Design:内置一些预设好的建筑材质解决方案,直接调用就能进行成品渲染,并在选项中集成了老版插件 F-edge 的圆角功能。还有可调性很强的模糊反射功能。

(2)Mental ray 3.5 新增了最终聚集的几种预设解决方案,极大地提升了在制作的不同阶段的工作效率和渲染速度。

(3)Mental ray 3.5 提高了对日光的支持,在日光中增加了 Mental ray 阳光与 Mental ray 天光两种光照类型,并使渲染速度获得了极大的提升。

2.2.2.3　布料功能的提升

更新了操作方式,在旧版本中修改衣服外形的操作要回到最底部的层级进行,但在 3ds Max 2010 中,可以直接通过在现有层级上添加 Edit Mesh 等网格编辑的修改器,直接修改外形,然后再进行布料的计算,使衣服的制作更加直观方便。并在衣服的属性当中添加了 Cling(黏度)的参数,用来模拟衣服被打湿的效果。

2.2.2.4　直接在视口中梳理毛发

在 3ds Max 2010 中,对毛发的梳理不需要在单独的窗口内进行了,在视口中就可以直接梳理,在视口中还能够实时地显示毛发的颜色和形态。若将默认的扫描线渲染器切换为 mental ray 渲染器,mental ray 还提供了多种毛发材质以供选择。

2.2.2.5　大幅度优化了多边形的显示与计算

3ds Max 2010 能更有效率地分析和计算大型场景(如超过两千万面的场景)。这种提高主要源于 mental ray 渲染器能够极大地减少数据转换的时间。同时增加了 hidden line 显示模式,使视口中的显示更加专业化。

2.2.2.6　HAVOK 动力学引擎由原来的 1.5 版升级到了最新的 3.2 版

3ds Max 2010 增加了一个强大的多线程计算模拟器,极大地提高了刚体碰撞的计算速度。

2.2.2.7　Biped(两足动物骨骼,BIP)的更新

(1)BIP 可以自由地移动关键帧。当需要移动的关键帧太多或想改变一段完整的动画的时候,这个功能是非常有用的。

(2)可以将手指和脚趾的轨迹分开进行调节。

(3)更完善的动画曲线工具,能让动作更加流畅。

2.2.2.8　点缓存工具的更新

点缓存工具的更新主要体现在以下几个方面:首先是增加了可以调节点缓存的回放范围;其次是可以回放动画缓存帧和缓存文件,并且在界面上也做了相应的调整。在读取一段缓存文件的时候,可以使动画进行慢放、停止、倒放等操作。

2.2.3　3ds Max 的工作环境

安装好 3ds Max 2010 后,单击 3ds 的启动标志,就进入了它的主界面,如图 2-4 所示。

初看起来,大量的菜单和图标着实令人不知从何处着手。但随着对界面各个部分的深入讨论,将可以通过实际操作逐步熟悉各个命令。

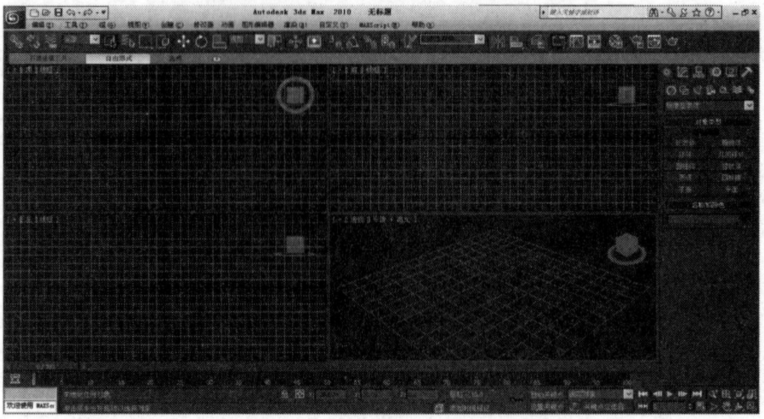

图 2-4　3ds Max 的主界面

3ds Max 的主界面包括以下几个部分：

(1)标题栏。位于主界面的最上方，左边为打开的 3ds Max 文件的名称，右边显示有程序窗口控制按钮。

(2)菜单栏。位于标题栏的下方，每个菜单中包含若干个菜单项，使用菜单命令可以完成很多操作，而且有些命令只有菜单中才有。

(3)主工具栏。菜单栏的下面是主工具栏，包含了在 3ds Max 中使用频率最高的各种调节工具。

(4)视口区。中间最大的区域是视口区，也叫视图区或视窗区，3ds Max 的主要操作都在这里进行。

(5)命令面板。界面的右边是命令面板，它所处的位置表明它在 3ds Max 的操作中起着举足轻重的作用，它里面的很多命令按钮与菜单中的命令是一一对应的，在以后的学习中会重点讲解控制面板。

(6)视口导航控件。用于对中间的视图区域进行调节，比如视图的平移、旋转和缩放操作。

(7)动画和时间控件。用来控制动画的节奏，还可以对其时间进行设置。

(8)时间滑块和轨迹栏。主要用于动画的制作，比如拖动时间滑块可以在视图中观看设置好的动画效果。设置好动画后，关键帧就排列在时间线上。

(9)状态栏。位于主界面的最下方，用于显示出当前选择物体的坐标值及相关的提示信息。

2.2.3.1　菜单栏

菜单栏提供了 3ds Max 中所有操作命令的选择，它的形状和 Windows 菜单相似，如图 2-5 所示。

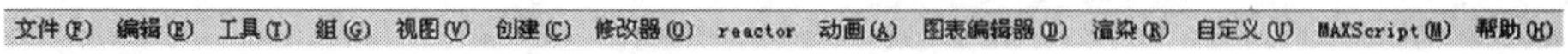

图 2-5　菜单栏

3ds Max 的菜单包括 14 个下拉式菜单，包含了该软件的所有操作，其名称和功能如下所述。

“文件”菜单：用于文件的打开、存储、打印，输入和输出不同格式的其他三维存档格式，以及动画的摘要信息、参数变量等命令的应用。

“编辑”菜单:用于对象的拷贝、删除、选定、临时保存等功能。

“工具”菜单:包括常用的各种制作工具。

“组”菜单:将多个物体组为一个组,或分解一个组为多个物体。

“视图”菜单:对视图进行操作,但对对象不起作用。

“创建”菜单:主要用于创建各种对象。

“修改器”菜单:用于对对象进行参数的修改,包含了所有修改对象的命令。

“reactor”(反应堆)菜单:主要用于创建、修改和编辑具有关节限制的对象以及模拟实际的物理现象,并创建、预览这些物体及其物理现象的动画效果。

“动画”菜单:主要用于 IK 系统的动画设计、约束控制和属性等动画设置,预览动画的生成和浏览等操作。

“图表编辑器”菜单:主要用于轨迹视图和概要视图的打开、新建、保存和删除等操作。

“渲染”菜单:通过某种算法,体现场景的灯光、材质和贴图等效果。

“自定义”菜单:方便用户按照自己的爱好设置操作界面。

“MAXScript”(MAX 脚本)菜单:这是有关编程的内容。将编好的程序放入 3ds Max 中来运行。

“帮助”菜单:关于该软件的帮助,包括在线帮助、插件信息等。

2.2.3.2 主工具栏

主工具栏中放置了 3ds Max 中很多常见任务的工具和对话框按钮,如图 2-6 所示。

图 2-6 主工具栏

“撤销”按钮:使用“撤销”按钮可取消上一次操作,快捷键为“Ctrl”+“Z”键。

“重做”按钮:可取消由“撤销”命令执行的上一次操作,快捷键为“Ctrl”+“Y”键。

“选择并链接”按钮:将两个对象作为父和子链接起来,定义它们之间的层次关系,使之可以进行连接运动操作。

“取消链接”按钮:移除两个对象之间的层次关系,从而将子对象与其父对象分离开来。

“绑定到空间扭曲”按钮:左键单击一次把当前选择的对象附加到空间扭曲,使之受到空间扭曲的影响,再次单击则取消绑定。

“选择过滤器”列表:限制可供选择工具选择的对象的特定类型和组合。

“选择对象”按钮:选择对象或子对象。

“按名称选择”按钮:左键单击后弹出“选择对象”对话框,可以从当前场景中所有对象的列表中选择对象。

“选择区域”按钮:选择矩形区域,它下面有个小三角形,用鼠标按住它后,其扩展按钮中还包含了“圆形”选择区域、“围栏”选择区域、“套索”选择区域和“绘制”选择区域的区域选择方式。

“窗口\交叉选择”按钮:窗口选择和交叉选择的切换按钮。

“选择并移动”按钮:选择并移动对象。

“选择并旋转”按钮:选择并旋转对象。

“选择并缩放”按钮:选择并均匀缩放对象。它下面还有两个缩放工具,一个是“选择并非均匀缩放”,一个是“选择并挤压”,按定小三角一秒,就可以看到这两个缩放的图标。

“参考坐标系”列表:单击右边的下拉列表按钮,出现如图 2-7 所示的列表,在列表中可以指定变换(移动、旋转和缩放)所用的坐标系。选项包括“视图”“屏幕”“世界”“父对象”“局部”“万向”“栅格”和“拾取”。

“使用轴点中心”按钮:即把物体的轴心点作为变换中心,它有两个选择,一个是“使用选择中心”(把选择物体的公共轴心作为变换中心),一个是“使用变换坐标中心”(把当前坐标系轴心作为变换中心),同样按定它后可以见到另两个轴心变换图标。

“选择并操纵”按钮:可以通过在视口中拖动“操纵器”,编辑某些对象、修改器和控制器的参数。

“键盘快捷键覆盖切换”按钮:可在只使用“主用户界面”快捷键和同时使用主快捷键和组(如编辑\可编辑网格、轨迹视口、NURBS 等)快捷键之间进行切换。

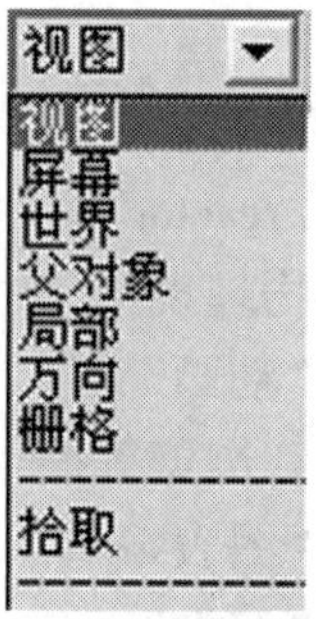

图 2-7　参考坐标系

“捕捉开关”按钮:用于捕捉现有几何体的特定部分,也可以捕捉栅格。捕捉切换、中点、轴点、面中心和其他选项,分别有“2D 捕捉”“2. 5D 捕捉”“3D 捕捉”三种捕捉方式。

“角度捕捉切换”按钮:使对象以设置的增量围绕指定轴旋转。

“百分比捕捉切换”按钮:使对象按指定的百分比增量进行缩放。

“微调器捕捉切换”按钮:用于设置 3ds Max 中所有微调器。

“编辑命名选择集”按钮:单击该按钮后会显示出“命名选择集”对话框,在此对话框中可命名选择集。

“命名选择集”列表:可以命名选择集,并重新调用选择以便以后使用。支持对象层级和子对象层级上的选择集。

“镜像”按钮:单击“镜像”将显示“镜像”对话框,如图 2-8 所示。使用该对话框可以在镜像一个或多个对象的方向时,移动或复制这些对象。

“对齐”按钮:工具栏中的“对齐”按钮提供了对用于对齐对象的六种不同工具的访问。按从上到下的顺序,这些工具依次为“对齐”“快速对齐”“法线对齐”“放置高光”“对齐摄影机”和“对齐到视图”。

“层管理器”按钮:单击后打开“层属性对话框”。

“曲线编辑器”按钮:单击后打开动画曲线轨迹编辑器。

“图解视图”按钮:单击后打开图解视图。

“材质编辑器”按钮:单击后打开“材质编辑器”以提供创建和编辑材质以及贴图的功能。

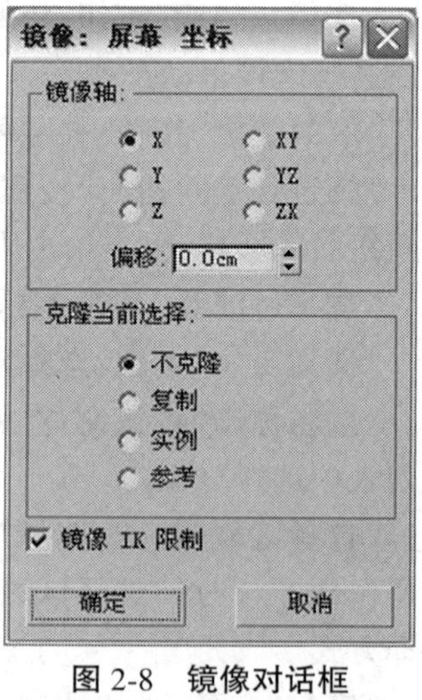

图 2-8　镜像对话框

“渲染场景”按钮:单击后打开“渲染场景对话框”,从而可以使用所设置的灯光、所应用的材质及环境设置(如背景和大气)为场景的几何体着色。

“快速渲染(产品级)”按钮:使用当前产品级渲染设置来渲染场景,而无需显示“渲染场景”对话框。其下还包含一个“快速渲染(ActiveShade)”按钮,可以在浮动窗口中创建 ActiveShade 渲染。

2.2.3.3 命令面板

命令面板包含创建对象、处理几何体和创建动画需要的所有命令,如图 2-9 所示。每个面板都有自己的选项集。命令面板由 6 个用户界面面板组成,每次只有 1 个面板可见。要显示不同的面板,单击“命令”面板顶部的选项卡图标即可。

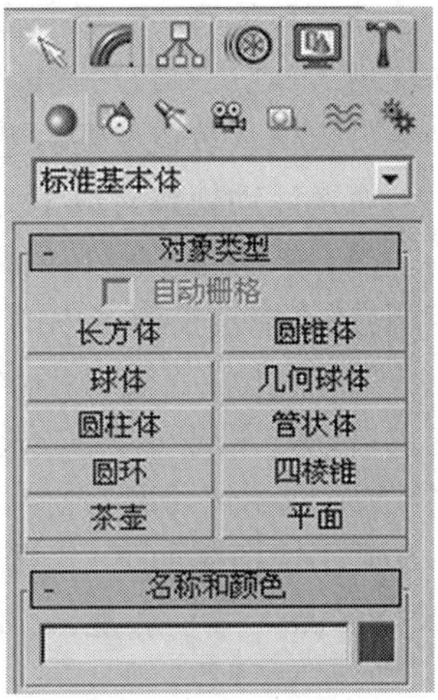

图 2-9 命令面板

命令面板中所包含的 6 个面板如下:

“创建”命令面板:包含用于创建对象的控件,如几何体、摄影机、灯光等。

“修改”命令面板:包含用于将修改器应用于对象,以及编辑可编辑对象(如网格、面片)的控件。

“层次”命令面板:包含用于管理层次、关节和反向运动学中链接的控件。

“运动”命令面板:包含动画控制器和轨迹的控件。

“显示”命令面板:包含用于隐藏和显示对象的控件,以及其他显示选项。

“工具”命令面板:包含其他工具程序,其中大多数是 3ds Max 的插件。

2.2.3.4 视口区

3ds Max 用户界面的最大区域是“视口区”,该区域被分割成 4 个相等的矩形区域,如图 2-10 所示,称为视口(View ports)或视图(Views)。视口是主要的工作区域,每个视口的左上角都有一个标签,启动 3ds Max 后默认的 4 个视口的标签是顶视口(Top)、前视口(Front)、左视口(Left)和透视视口(Perspective)。

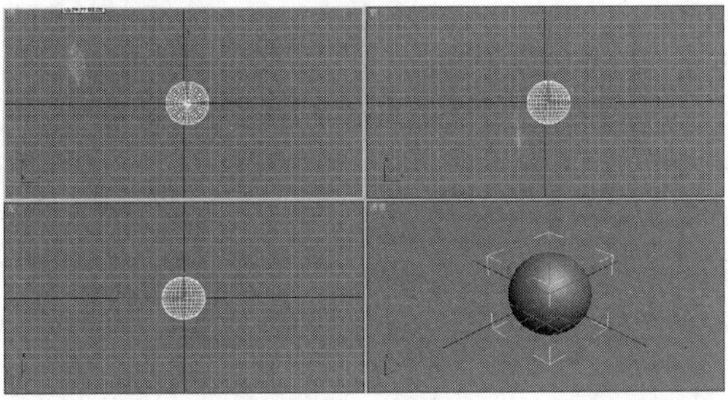
图 2-10 视口

每个视口都包含垂直和水平线,这些线组成了 3ds Max 的主栅格。主栅格包含黑色垂直线和黑色水平线,这两条线在三维空间的中心相交,交点的坐标是 $X=0$,$Y=0$ 和 $Z=0$。其余栅格都为灰色显示。

另外,常用的视口还有摄影机视口(Camera)、透视口(Perspective)、用户视口(User)、前视口(Front)、后视口(Back)、顶视口(Top)、底视口(Bottom)、左视口(Left)、右视口(Right)。各视口可根据操作的需要进行切换。

1. 切换视口

一次只能有一个带有高亮显示边框的视口处于活动状态,其他视口设置为仅供观察;除非禁用,否则这些视口会同步跟踪活动视口中进行的操作。启用“自动关键点”按钮后,活动视口边框从黄色变为红色。

切换活动视口有以下方法:

(1)单击任一视口:如果单击视口中的对象,那么将选中该对象。如果单击没有对象的空间,则将取消任何选中的对象。

(2)右击任一视口:无须更改对象的选择状态,右键单击即可激活视口(也可以通过单击视口标签实现同样的功能)。

(3)使用快捷键:先在要改变的视口上单击鼠标右键激活它,然后按快捷键设定。

常用快捷键如下:摄影机视口(C)、透视口(P)、用户视口(U)、前视口(F)、后视口(K)、顶视口(T)、底视口(Bo)、左视口(Le)、右视口(R)。

2. 视口标签

视口在左上角显示标签。右键单击视口标签会显示“视口”快捷菜单,如图 2-11 所示,可以方便地控制视口的各方面设置。

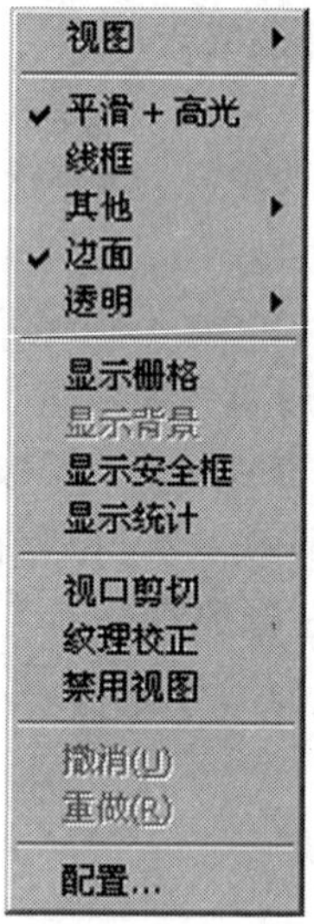

图 2-11　“视口”快捷菜单

3. 动态调整视口的大小

在 3ds Max 的视口区中可以调整 4 个视口的大小,这样它们可以采用不同的比例。调整视口的操作方法如下:

调整视口大小:把鼠标放到视口之间的分隔条上,当鼠标变成双向箭头时拖动鼠标到合适位置,释放鼠标。

恢复到原始布局:右键单击分隔线的交叉点,并单击弹出的快捷菜单选项“重置布局”。

4. 世界空间三轴架

每个视口的左下角有世界空间三轴架,三个轴的颜色分别为:X 轴为红色,Y 轴为绿色,Z 轴为蓝色。无论当前是什么参考坐标系,三轴架通常指“世界空间”。

5. 视口的明暗显示方式

常用的明暗显示方式如下:

(1)平滑+高光。显示对象的平滑度、亮度和表面贴图,这是 3ds Max 的默认明暗显示方式。

(2)线框。把对象显示为边,线框颜色由对象的颜色决定(默认情况下)。

(3)边面。显示对象的线框边缘以及着色表面。

2.2.3.5　视口导航控件

视口导航控件位于用户界面的右下角,是可以控制视口显示和导航的按钮,如图 2-12 所示。使用这个区域的按钮可以调整各种缩放选项,控制视口中的对象显示。

图 2-12　视口控件

使用不同的视口会有不同的视口控件,其中所有视口控件中公用的是以下三个。

“最大化显示”按钮:将所有可见对象在单视口中以最大化形式显示。其下还有一个

“最大化显示选定对象”按钮,对选定的对象在单视口中以最大化显示。

“所有视图最大化显示”按钮:将所有对象或对象集在所有视口中最大化显示。其下还有一个“所有视图最大化显示选定对象”按钮,将选定对象或对象集在所有视口中最大化显示。

“最大化视口切换”按钮:使用“最大化视口切换”可在其正常大小和全屏大小之间进行切换。

1. 透视和正交视口控件

透视、正交、用户、栅格和形状视口都共享相同的视口控件,如图 2-13 所示。

其每个按钮的功能如下:

“缩放”按钮:通过在“透视”视口或“正交”视口中拖动来调整视口放大值。在默认情况下,缩放是在视口的中心发生的。

“缩放所有视口”按钮:同时调整所有“透视”和“正交”视口中的视口放大值。默认情况下,“缩放所有视口”将放大或缩小视口的中心。

“视野”按钮(透视):调整视口中可见的场景数量和透视张角量。其下有一个“缩放区域”按钮,可放大在视口内拖动的矩形区域。

“平移视图”按钮:在与当前视口平面平行的方向移动视口。其下有一个“穿行导航”按钮,用于在视口中移动,在进入穿行导航模式之后,光标将改变为中空圆环,并在按下某个方向键(前、后、左或右)时显示方向箭头。

“弧形旋转”按钮:使用该按钮可以使视口围绕中心自由自旋。其下还有两个可供使用的“弧形旋转”选项,即“弧形旋转选定对象”和“弧形旋转子对象”。

2. 摄影机视口控件

“摄影机”视口显示摄影机的视角,注视其目标方向。摄影机视口控件如图 2-14 所示。

“推拉摄影机”按钮:自由摄影机沿着其深度轴,朝着镜头所指的方向移动。

“透视”按钮:是视角和推位的组合,保持场景的构图的同时增加了透视张角量。

“平移摄影机”按钮:沿着平行于视口平面的方向移动摄影机。

“侧滚摄影机”按钮:围绕摄影机其局部 Z 轴旋转自由摄影机。

“环游摄影机”按钮:围绕目标旋转摄影机。其下有一个“摇移摄影机”按钮,是围绕摄影机来旋转目标的。

3. 灯光视口控件

“灯光”视口显示聚光灯或平行光的视口,并注视其目标。灯光视口控件如图 2-15 所示。

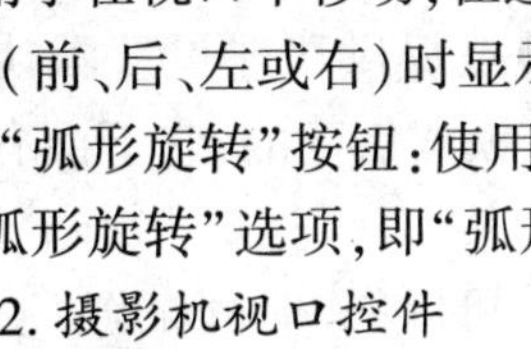

图 2-13 透视和正交视口控件

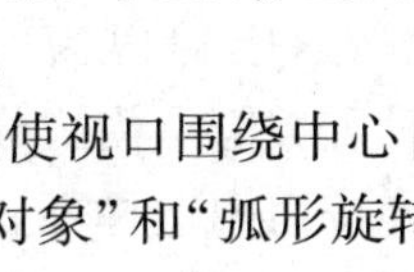

图 2-14 摄影机视口控件

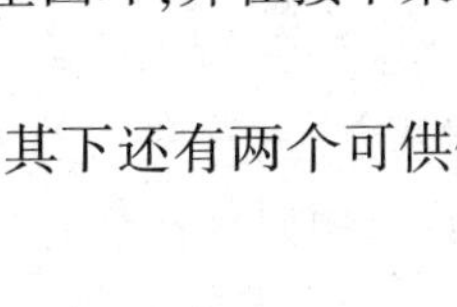

图 2-15 灯光视口控件

“推拉灯光”按钮:沿着灯光主轴,朝向或移离指向的灯光移动灯光或目标。

“灯光聚光区”按钮:调整灯光聚光区的角度。

“侧滚灯光”按钮:可围绕其灯光自身的视线(灯光的局部 Z 轴)旋转灯光。

“灯光衰减区”按钮：调整灯光衰减区的角度。

“平移灯光”按钮：沿着平行于灯光视口的方向移动目标灯光及其目标，并沿着 X、Y 轴移动自由灯光。

“环游灯光”按钮：围绕目标旋转灯光。其下有一个“摇移灯光”按钮，是围绕灯光旋转目标的。

2.2.3.6　动画和时间的控件

视口导航控件按钮的左边是时间控制按钮及动画控制按钮，如图 2-16 所示。这些按钮的功能和外形类似于媒体播放机里的按钮。

图 2-16　动画和时间的控件

1. 动画控制按钮

“自动关键点”按钮：启用或禁用称为“自动关键点”的关键帧模式。“自动关键点”按钮处于启用状态时，所有运动、旋转和缩放的更改都设置成关键帧。当处于禁用状态时，这些更改将应用到第 0 帧。

“设置关键点”按钮：使用这个按钮可以有选择地添加关键帧。

“新建关键点的默认入/出切线”按钮：可以为新的动画关键点提供快速设置默认切线类型的方法，这些新的关键点是用设置关键点模式或自动关键点模式创建的，它下面有个小三角形，用鼠标按住它后可在其扩展按钮中选择不同的模式。

“转至开头”按钮：把时间滑块移动到活动时间段的第一帧。可以在“时间配置”对话框的“开始时间”和“结束时间”字段中设置活动时间段。

“上一帧”按钮：把时间滑块向后移动一帧。

“上一关键点”按钮：在关键点模式中，把时间滑块移动到上一个关键帧。在“时间配置”对话框的“关键点步幅”组中设置“关键帧”选项。

“播放/停止”按钮：在活动视口中播放或停止动画。

“下一帧”按钮：把时间滑块向前移动一帧。

“下一关键点”按钮：在关键点模式中，把时间滑块移动到下一个关键帧。

“转至结尾用”按钮：把时间滑块移动到活动时间段的最后一个帧。

“当前帧(转到帧)”按钮：显示当前的帧编号，指出时间滑块的位置。也可以在此字段中输入帧编号来转到该帧。

2. 时间控制按钮

“关键点模式”按钮：单击后打开关键点模式，上一帧按钮和下一帧按钮变为上一关键点按钮和下一关键点按钮。

“时间配置”按钮：单击该按钮后会打开“时间配置”对话框，如图 2-17 所示，在这个对话框中提供了帧速率、时间显示、播放和动画的设置。使用此对话框可以更改动画的长度或拉伸或重缩放，还可以设置活动时间段或动画的开始帧和结束帧。

2.2.3.7　时间滑块和轨迹栏

时间滑块和轨迹栏位于视口区的下方，如图 2-18 所示。

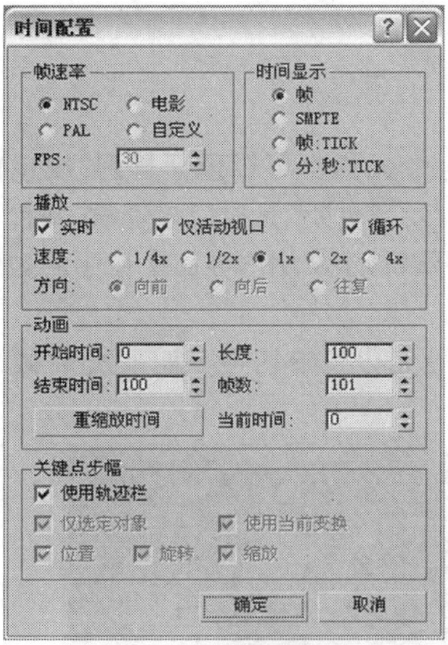

图 2-17　**“时间配置”对话框**

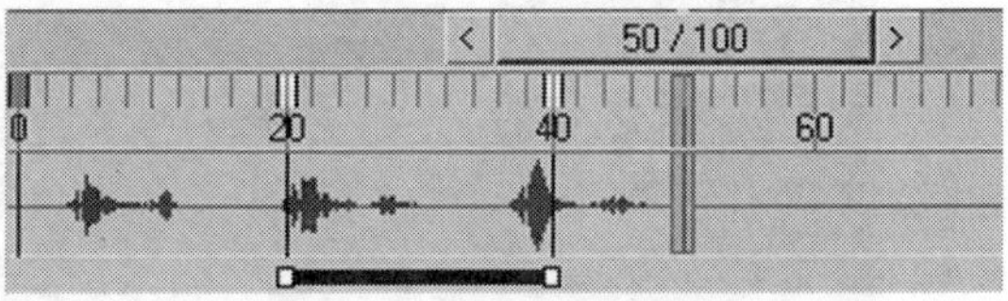

图 2-18　**“时间”滑块和轨迹栏**

“时间”滑块显示当前帧并可以通过它移动到活动时间段中的任何帧上。单击“时间”滑块左侧或右侧的箭头可以前移或后移一帧。在关键点模式下，单击箭头时，会跳到相邻的关键点。

“轨迹视图关键点”窗口也显示“时间”滑块。这两个“时间”滑块的移动是同步的。

“时间”滑块下面的“轨迹栏”提供了显示帧数(或相应的显示单位)的时间线。

2.2.3.8　状态栏

状态栏位于“时间”滑块和轨迹栏的下方，如图 2-19 所示。

图 2-19　**状态栏**

状态栏的最左边是“MAXScript 迷你侦听器”，它分为两个窗格：一个粉红色，一个白色。粉红色的窗格是“宏录制器”窗格，白色窗格是“脚本”窗口，可以在这里创建脚本。

侦听器的右边则显示了当前对象的一些相关信息，具体情况如下所述。

“状态行”：显示选定对象的类型和数量。

“选择锁定切换”按钮：左键单击锁定选择，则不会在复杂场景中意外选择其他内容。再次左键单击则取消锁定选择。

“偏移\绝对模式变换输入”按钮：要使用状态栏上的“变换输入”框，只需在该框中输入适当的值，然后按“Enter”键应用变换。单击变换框左侧的“偏移\绝对变换输入”按钮，可以在输入绝对变换值或偏移值之间进行切换。

“坐标显示”：显示光标的位置或变换的状态，并且可以输入新的变换值。

“栅格设置”：显示栅格设置将显示栅格方格的大小。

“提示行”：基于当前光标位置和当前程序活动来提供动态反馈。根据用户的操作，提示行将显示不同的说明，指出程序的进展程度或下一步的具体操作。

“时间标记”：文本标签，可以指定给动画中的任何时间点。通过选择标记名称可以轻松跳转到动画中的任何点。

2.2.4　自定义用户界面

3ds Max 用户界面中的组件，如菜单栏、工具栏和命令面板都可以重新排列，视口窗口的大小也可以动态调整。还可以指定哪些工具栏应该显示，哪些工具栏应该隐藏，并且可以创建自己的键盘快捷键、自定义工具栏和四元菜单，也可以自定义用户界面中使用的颜色。

2.2.4.1　在单视口布局和多视口布局之间切换

(1)左键单击透视口窗口，单击视口导航栏上的“最大化视口切换”按钮，此时效果如图 2-20 所示。

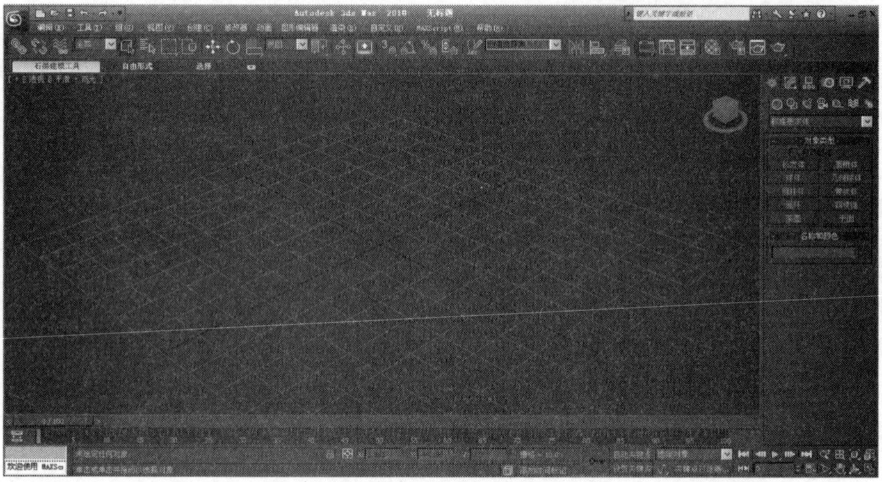

图 2-20　最大化显示

(2)再次单击视口导航栏上的“最大化视口切换”按钮，恢复多视口显示。

2.2.4.2　调整多视口布局中窗口的大小

(1)单击任意两个视口间的分隔条或所有四个视口的相交处，然后拖动到新位置并释放鼠标，如图 2-21 所示。

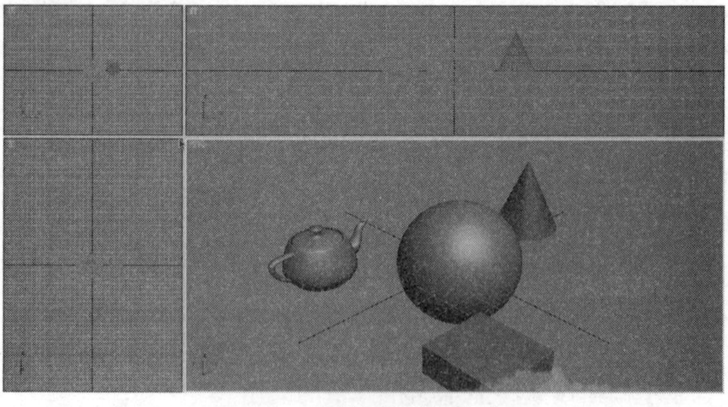

图 2-21　调整后的窗口大小

(2)右键单击视口之间的分隔条，显示“重置布局”命令。单击此按钮将视口还原为默认的多视口布局。

2.2.4.3　**重新排列命令面板中卷展栏的次序**

单击命令面板上“层次”标签按钮,单击“调整轴”卷展栏,然后将其拖动到命令面板上的“调整变换”卷展栏下的一条宽线指示放置卷展栏的位置后释放鼠标,“调整轴”卷展栏移动到“调整变换”卷展栏下,其他卷展栏也将相应移动,如图 2-22 所示。

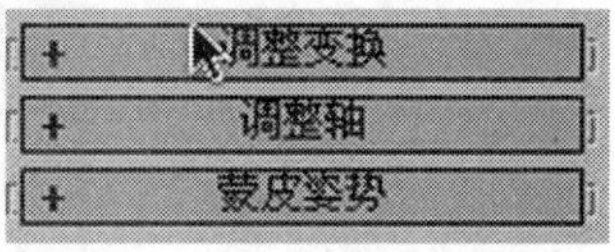

图 2-22　调整卷展栏位置

2.2.4.4　**使工具栏处于浮动状态**

单击工具栏停靠的标记(当工具栏停靠时所显示的一条窄线)并将它拖离其位置,释放鼠标,工具栏就处于浮动状态。

2.2.4.5　**使命令面板处于浮动状态**

右键单击命令面板右上角的空白区域,在弹出的菜单中选择“浮动”命令,即可使命令面板处于浮动状态。

2.2.4.6　**调整命令面板水平方向的大小**

把鼠标放到命令面板的边缘上,光标将变成双箭头。拖动光标来增大或缩小命令面板的宽度。

2.2.4.7　**调整浮动命令面板垂直方向的大小**

将光标移动到浮动命令面板的顶部边缘或底部边缘上,即可调整浮动命令面板垂直方向的大小。

2.2.4.8　**停靠浮动的 UI 元素**

(1)右键单击命令面板标题栏,从弹出的菜单中选择“停靠”命令,然后选择“右侧”命令,命令面板重新停靠在右侧。

(2)双击主工具栏标题栏,主工具栏重新停靠在上方。

2.2.5　保存和加载自定义用户界面

2.2.5.1　**加载自定义 UI 方案**

选择“自定义”|“加载自定义 UI 方案”命令,在弹出的“加载自定义 UI 方案”对话框中,从“文件类型”下拉列表中选择 UI 文件,打开 myUI001.ui 文件,可加载已定义好的 UI 方案。

2.2.5.2　**保存单个的 UI 方案文件**

(1)选择“自定义”|“保存自定义 UI 方案”命令。

(2)在弹出的“保存自定义 UI 方案”上的文件名输入框中输入 myUI002,单击“保存”按钮。

2.2.5.3　**还原为启动布局**

选择“自定义”|“还原为启动布局”命令,UI 元素将按照原来的顺序重新排列。

2.2.6　设置系统参数

不同的用户服务对 3ds Max 2010 的工作环境会有不同的要求,用户可以按照自己的操作习惯和爱好对软件的界面进行调整,使其既易于操作又富有个性。

选择“自定义”|“首选项”命令,在弹出的“首选项设置”对话框中可以设置工作环境的参数,如图 2-23 所示。

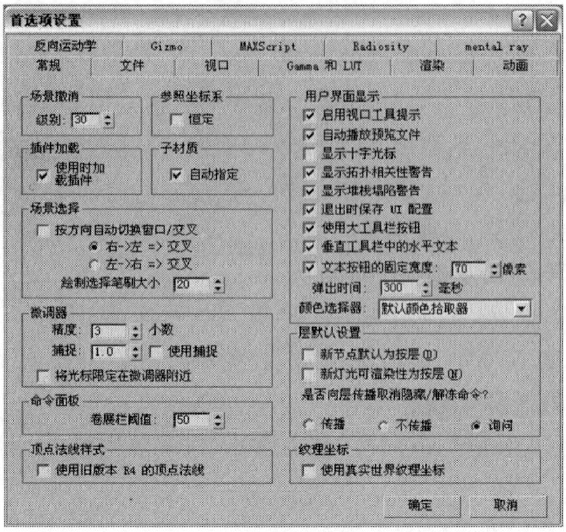

图 2-23　“首选项设置”对话框

3ds Max 的预先设置包括 11 个选项卡，分别为常规、文件、视口、Gamma 和 LUT、渲染、动画、反向运动学、Gizmo、MAXScript、Radiosity、mental ray。

2.2.7　单位设置

“单位设置”用于设置场景的数量单位，确定了场景的单位后可以按实际尺寸精确地创建对象。选择“自定义”|“单位设置”，弹出“单位设置”对话框，可在此对话框中对场景的数量单位进行设定。

公制：当这一选项被选择时，下面的下拉菜单会被激活。菜单中包括毫米、厘米、米、千米。

美国标准：其中包括英寸等计量单位。

自定义：在这一选项中可以对一个常规单位进行成比例设定。

通用单位：即用通用单位进行设置。

2.2.8　视口配置

选择“自定义”|“视口配置”命令，弹出“视口配置”对话框，该对话框包含 7 个选择卡：渲染方法、布局、安全框、自适应降级切换、区域、统计数据、照明和阴影。可以利用该对话框对视口进行配置。

如要改变视口布局，其操作步骤如下所述：

(1) 在“视口配置”对话框中单击“布局”选项卡，如图 2-24 所示。

(2) 在视口图像中单击第一行第二个图像，单击“确定”按钮，此时场景界面如图 2-25 所示。

2.2.9　栅格和捕捉设置

2.2.9.1　设定栅格

栅格是 3ds Max 工作区中不可缺少的尺度工具，需要借助它来构建模型，在 3ds Max

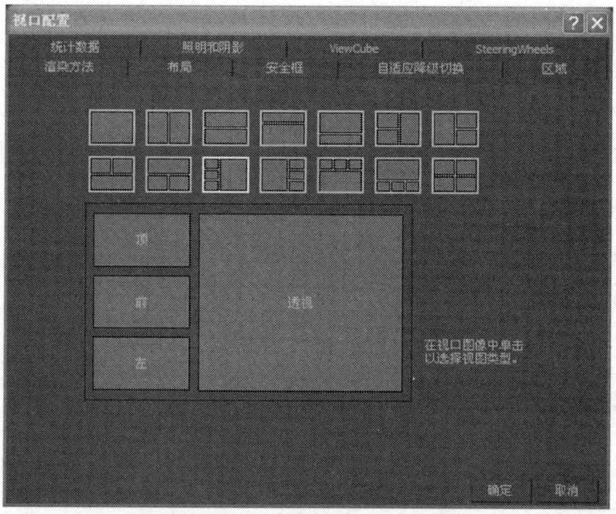

图 2-24　“视口配置”对话框

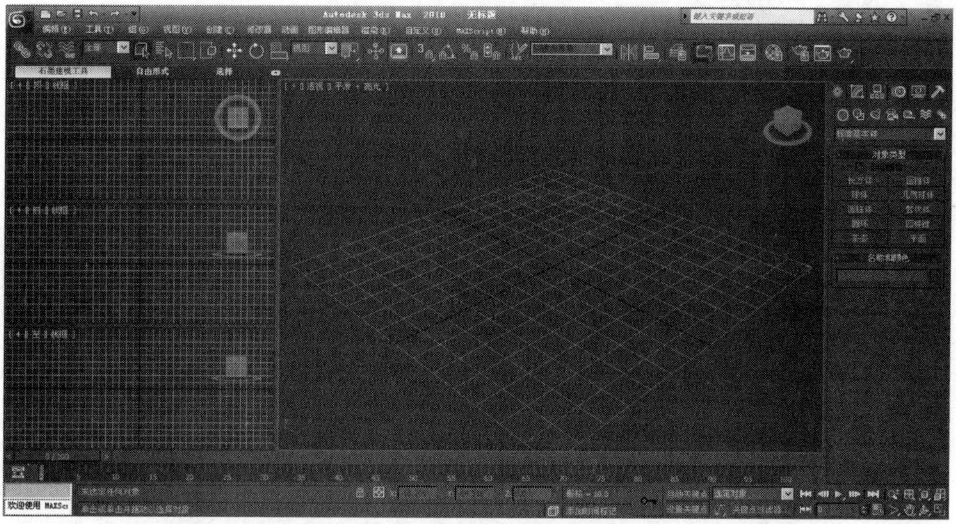

图 2-25　改变视口布局后的界面

中,每一个视口都可以有栅格显示,每一个栅格的默认设定为 10 个单位。在任何一个视口中单击右键都可在扩展菜单中找到“显示栅格”的选项,可以通过它来确定是否在这一视窗中显示栅格。

栅格单位可以根据用户的不同需要进行设定。它的设定是通过“栅格和捕捉设置”来完成的。选择“自定义”|“栅格和捕捉设置”命令,在弹出的对话框“主栅格”选项卡中设定参数。

2.2.9.2　设定捕捉

选择“自定义”|“栅格和捕捉设置”命令,在弹出的“栅格和捕捉设置”对话框的“捕捉”选项卡中设定捕捉。

2.3　项目实施

任务1　为自己定制一个界面

【任务描述】

通过3ds Max基本知识的学习，掌握3ds Max界面布局，能快速获取所需工具，为私人定制界面。

【任务流程】

学习相关背景知识→完成定制界面→保存界面。

【任务实施】

使用"自定义用户界面"对话框可以创建一个完全自定义的用户界面，包括快捷键、四元菜单、菜单、工具栏和颜色，也可以通过选择代表此工具栏上的命令或脚本的文本或图标按钮来添加命令和宏脚本。

活动1：创建一个新菜单

(1)选择"自定义"|"自定义用户界面"命令，在弹出的"自定义用户界面"对话框中选择"菜单"选项卡，如图2-26所示。

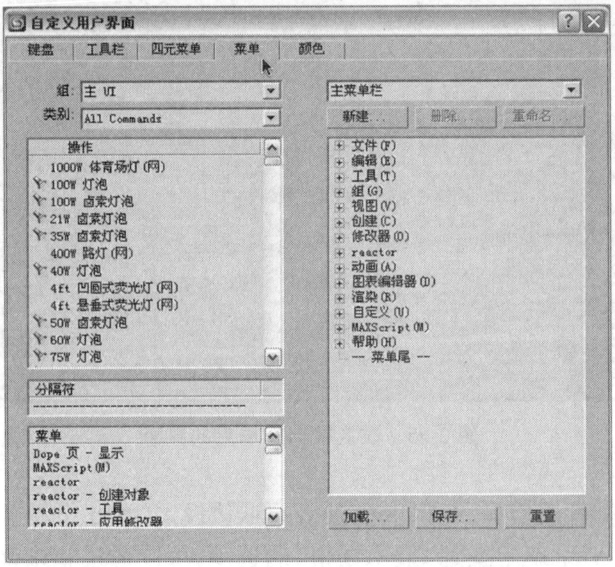

图2-26　"自定义用户界面"对话框(菜单界面)

(2)在该对话框中单击"新建"按钮。弹出一个"新建菜单"对话框，如图2-27所示。

(3)在"名称"文本框中输入菜单名称"我的菜单"，单击"确定"按钮，此时在菜单列表中就会显示新菜单，如图2-28所示。

活动2：更改界面元素颜色

(1)选择"自定义"|"自定义用户界面"命令，在弹出的"自定义用户界面"对话框中选择"颜色"选项卡，如图2-29所示。

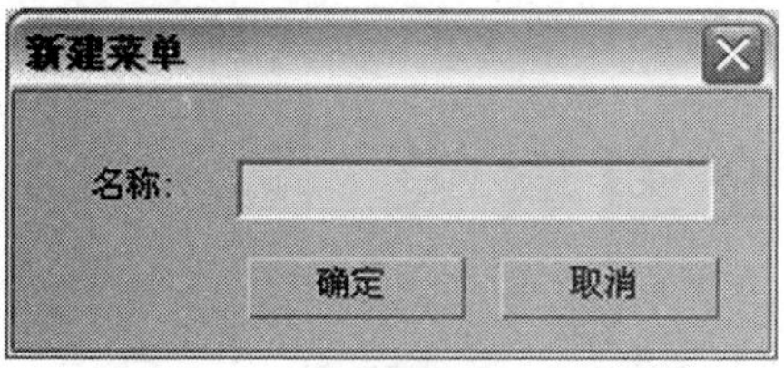

图 2-27　“新建菜单”对话框

图 2-28　显示新建菜单

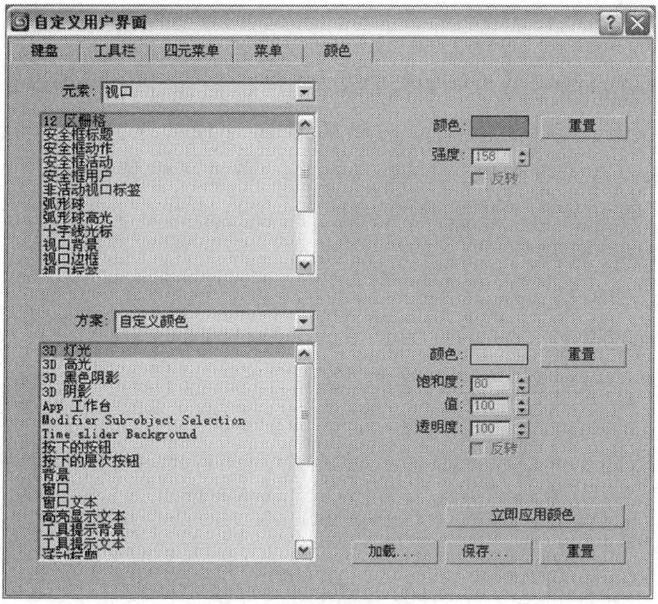

图 2-29　“颜色”选项卡

(2)从“元素”下拉列表中，选择要更改其颜色的界面“视口”元素类别。

(3)在“元素”字段下面的列表中，选择“视口背景”选项。

(4)单击右边的“颜色”色样，在弹出的“颜色选择器”对话框中选择蓝色。单击“关闭”按钮设置颜色。

(5)单击“立即应用颜色”按钮，视口背景变为蓝色。

(6)单击“保存”按钮右边的“重置”按钮，在弹出的“还原颜色文件”提示框中单击“是”按钮，将恢复系统颜色。

活动 3：保存界面

(1)选择“自定义”|“保存自定义 UI 方案”命令。

(2)在弹出的“保存自定义 UI 方案”上的文件名输入框中输入文件名，单击“保存”按钮，任务完成。

2.4　课后作业

1. 3ds Max 常用的快捷键有哪些？

2. 当视图切换控件挡住对象时应如何操作？

项目 3　管线、交通建模

3.1　项目描述

3ds Max 制作的作品中最基本的对象是模型,所以制作作品的第一步是创建模型。3ds Max 提供了 3 种建模方式,即多边形、面片和 NURBS 建模。三维建模是最直接且最基础的建模方式,这种建模方式比较简单,而且容易操作。通过三维建模方法的学习和操作,结合任务,按要求完成管线和交通要素模型的创建。具体包括以下 4 个任务:

任务 1　建立电线杆模型。

任务 2　建立管道模型。

任务 3　建立桥梁模型。

任务 4　建立高架桥模型。

【学习目标】

熟悉标准基本体和扩展基本体的基本类型,会利用标准基本体和扩展基本体配合相应修改器的使用及复合对象来进行管线、交通建模。

【学习重点】

使用标准基本体和扩展基本体创建三维模型及修改器的使用。

【学习难点】

修改器的使用、复合对象的创建。

3.2　背景知识

3.2.1　创建标准基本体

3.2.1.1　标准基本体的类型

3ds Max 为用户提供了 10 种类型的标准基本体,如图 3-1 所示。

3.2.1.2　创建标准基本体的方法

1. 创建标准基本体

创建标准基本体的步骤如下:

(1)点击创建标签,并选中标准基本体选项,如图 3-2 所示。

(2)选择一种对象类型。

(3)在视口中单击并拖动以创建大小和位置与实际近似的对象。

(4)调整对象的参数和位置或以后再执行相关操作。

2. 实例

以长方体为例,介绍创建标准基本体的步骤。

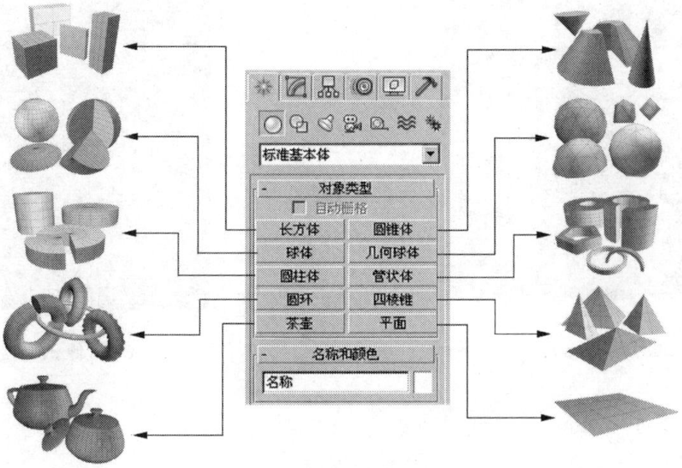

图 3-1　标准基本体的类型

(1)选择“长方体”工具,操作步骤如下:

单击“创建”标签切换到“创建”面板。

单击“几何体”按钮切换到“几何体”面板。

在类型下拉列表中选择“标准基本体”选项。

单击“长方体”按钮,即可选择“长方体”工具。

(2)绘制长方体。

在透视图中按住鼠标左键拖出底面,如图 3-3 所示。

向上单击拖动拖出高度,如图 3-4 所示。

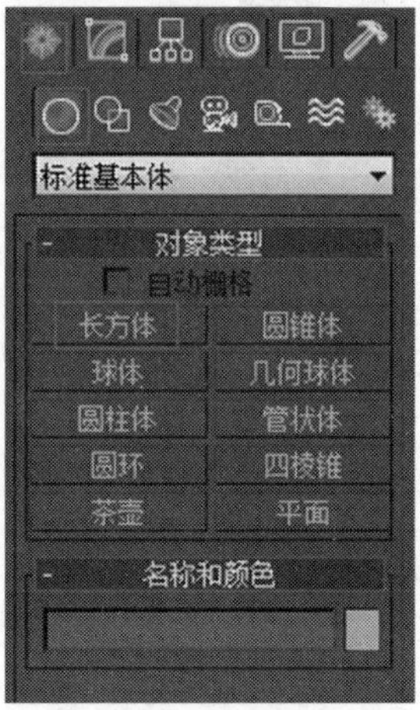

图 3-2　标准基本体

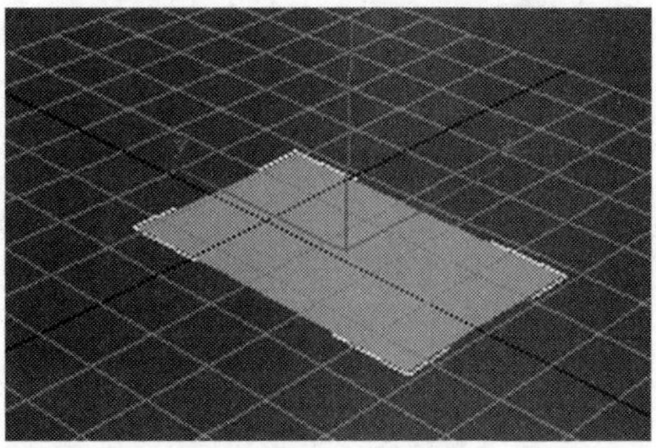

图 3-3　拖出底面

(3)修改参数,参数设置如图 3-5 所示。

选中对象,单击“修改”标签切换到“修改”面板。

在“参数卷展栏”中设置对象的参数,注意其中的分段是增加物体的细分程度和光滑程度,以便以后进一步变形操作,但是分段并不是越多越好,要根据模型的需要而定。

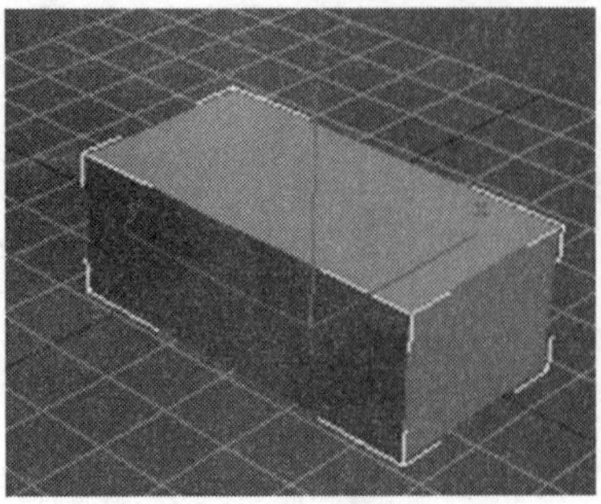

图 3-4　拖出高度

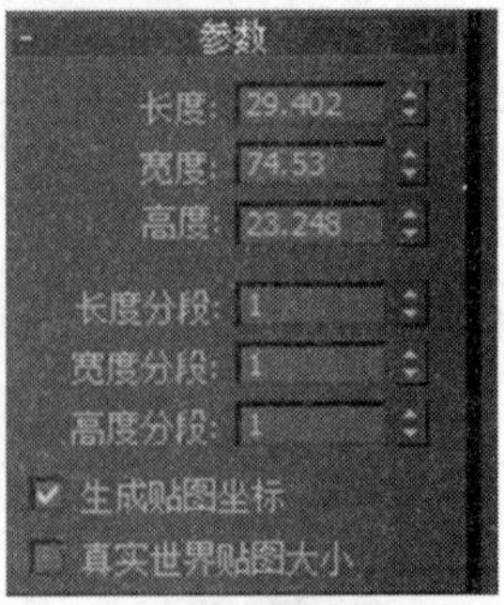

图 3-5　修改参数

3.2.2　创建扩展基本体

3.2.2.1　扩展基本体的类型

扩展基本体是较复杂的几何体，3ds Max 为用户提供了 10 种类型的扩展基本体，如图 3-6 所示。

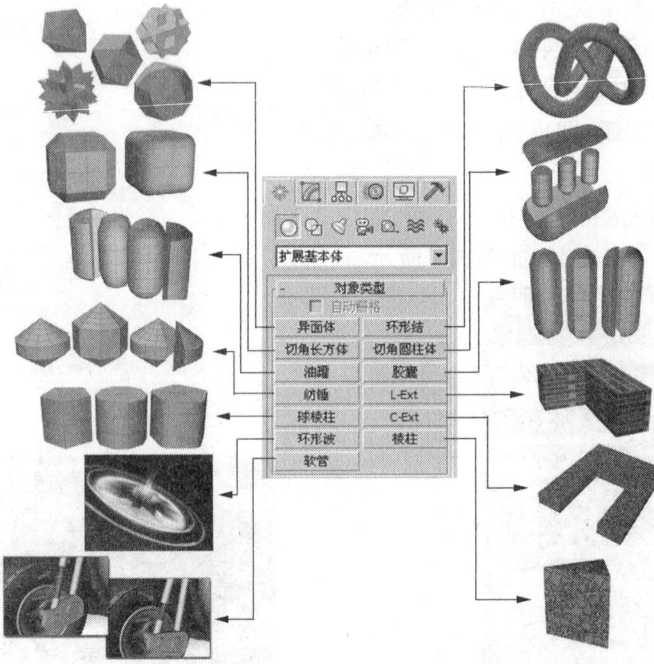

图 3-6　扩展基本体的类型

3.2.2.2　扩展基本体的创建

扩展基本体的创建方法与标准基本体的创建方法类似，可以参阅创建标准基本体的方法进行相关操作。图 3-7 介绍了在创建扩展基本体中异面体参数的设置。

3.2.3　修改器

修改器是 3ds Max 中特别重要的建模工具，编辑能力非常灵活、强大，并且易于使用。

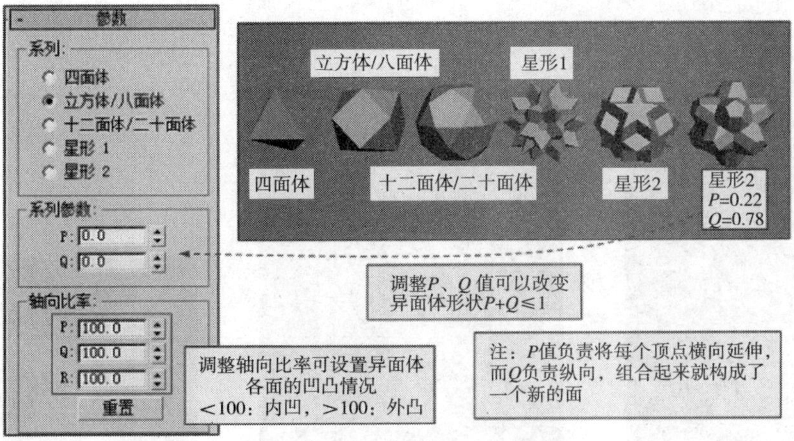

图 3-7　异面体参数的设置

创建完一个对象后,可以使用修改器将一个简单的模型进行编辑修改成为复杂的模型或者用户所需要的模型。

3.2.3.1　应用修改器的方法

(1)创建一个物体或者选择视图中已有的物体。

(2)单击“修改”按钮进入“修改”面板。

(3)在“修改器”下拉列表框中选择要使用的修改器。

(4)在修改器的“参数”卷展栏中设置参数,如图 3-8 所示。

3.2.3.2　常用的修改器

在三维模型的创建过程中,常使用的有弯曲修改器、扭曲修改器、锥化修改器等。

1. 弯曲修改器

弯曲修改器主要用来制作弯曲物体,可以对视图中选中的对象进行弯曲处理,通过设置物体的角度、方向和弯曲轴轴向这些参数调整弯曲效果。

在修改器下拉列表框中选择“弯曲修改器”,就会出现如图 3-9 所示的参数卷展栏。

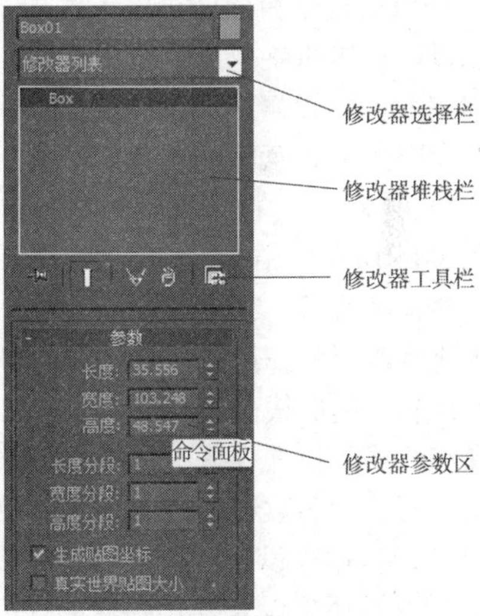

图 3-8　修改器面板

(1)角度:用来设置物体的弯曲角度。

(2)方向:用来设置物体弯曲的方向。

(3)弯曲轴:用来设置物体弯曲的基本轴,控制物体弯曲的坐标轴向,可以以 X、Y、Z 任一轴为基准进行弯曲变形。

(4)限制:勾选“限制效果”对话框,可以在“上限”和“下限”设置弯曲变形的范围,在限制范围以外的区域将不受弯曲变形的影响。

如图 3-10 所示,在顶视图中创建管状体,设置弯曲角度为 90°,弯曲轴为 Z 轴,便会得到如图 3-11 所示的结果。

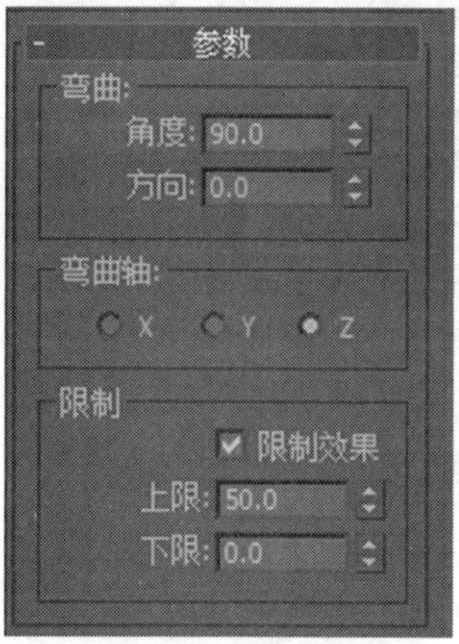

图 3-9　修改器参数卷展栏

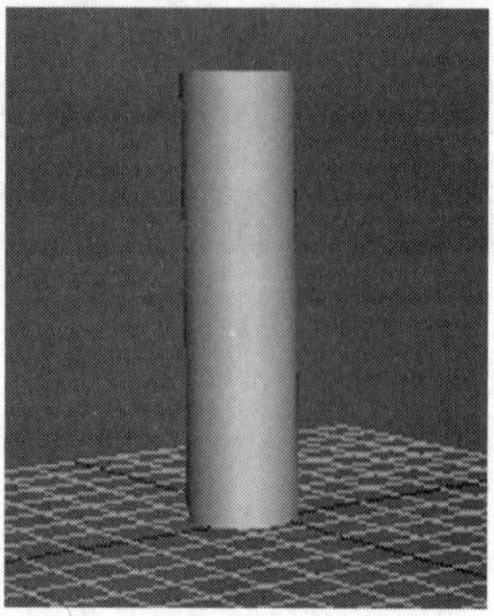

图 3-10　添加弯曲修改器前

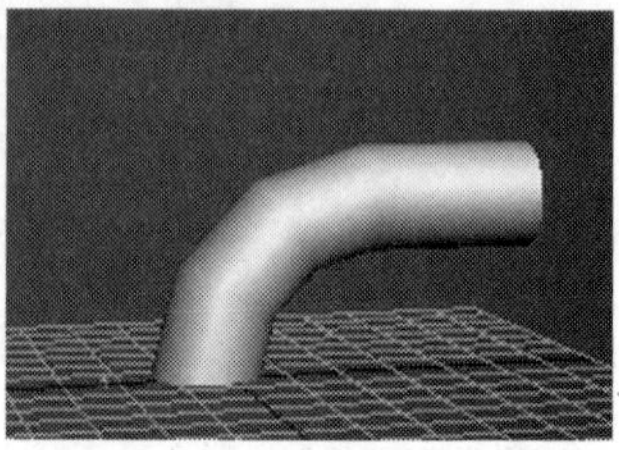

图 3-11　添加弯曲修改器后

2. 扭曲修改器

扭曲修改器的作用是使对象产生扭曲的效果,和前面一样,用户可以通过控制某个轴的扭曲角度,从而产生在给定范围内扭曲。

在修改器下拉列表框中选择"扭曲修改器",就会出现如图 3-12 所示的参数卷展栏。

下面对图 3-12 中所示的参数卷展栏做一下简单的介绍。

(1)角度:用来设置扭曲的角度。

(2)偏移:设置扭曲效果向上或向下的偏移度,该值越大,扭曲就越集中在扭曲轴的上部;该值越小,扭曲就越集中在扭曲轴的下部。

(3)扭曲轴:设置扭曲的轴向,可以根据实际情况选择 *X*、*Y* 或者 *Z* 轴。

(4)限值:跟前面弯曲修改器一样,设置扭曲范围的上下限值,这里就不再赘述。

如图 3-13 所示,在顶视图中创建管状体,设置扭曲角度为 450°,弯曲轴为 *Z* 轴,便会得到如图 3-14 所示的结果。

3. 锥化修改器

锥化修改器的作用是使物体产生锥化的效果,通过缩放物体的两端产生锥形轮廓,同时可以产生光滑的曲线轮廓。

在修改器下拉列表框中选择"锥化修改器",就会出现如图 3-15 所示的参数卷展栏。下面对图中所示的参数卷展栏作一下简单的介绍。

(1)数量:用来设置锥化的倾斜程度。

(2)曲线:用来设置锥化的弯曲程度。

(3)主轴:用来设置锥化的中心轴。

(4)效果:用来设置锥化所影响的轴向。

(5)限制:跟前面弯曲修改器一样,设置锥化范围的上下限值,这里就不再赘述。

如图 3-16 所示,在顶视图中创建管状体,设置锥化数量为 5,主轴为 *Z* 轴,便会得到如图 3-17 所示的结果。

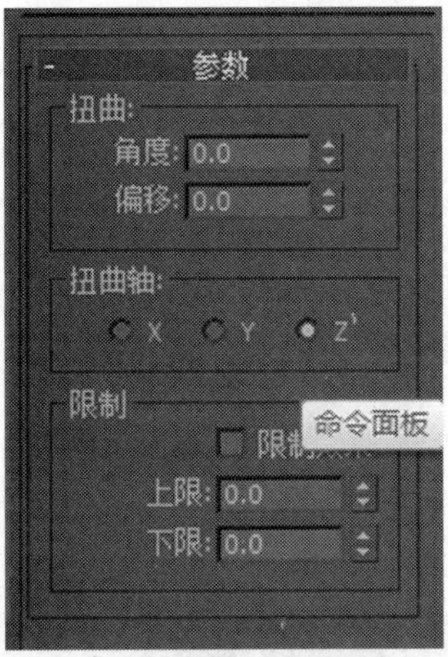

图 3-12　扭曲修改器参数卷展栏

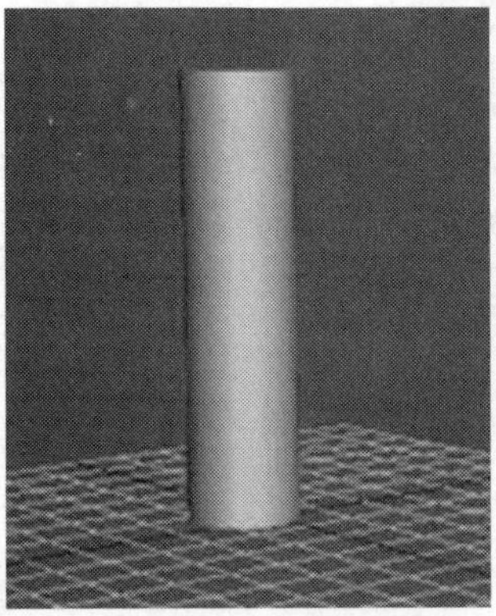

图 3-13　添加扭曲修改器前

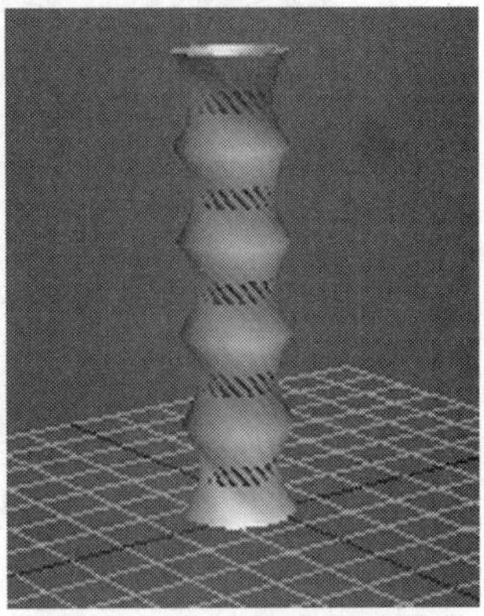

图 3-14　添加扭曲修改器后

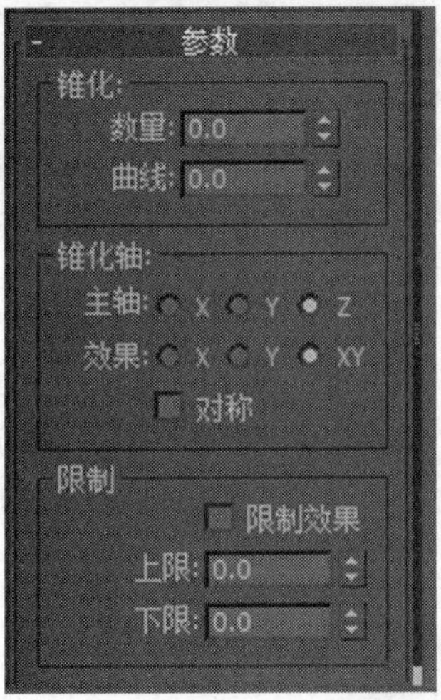

图 3-15　锥化修改器参数卷展栏

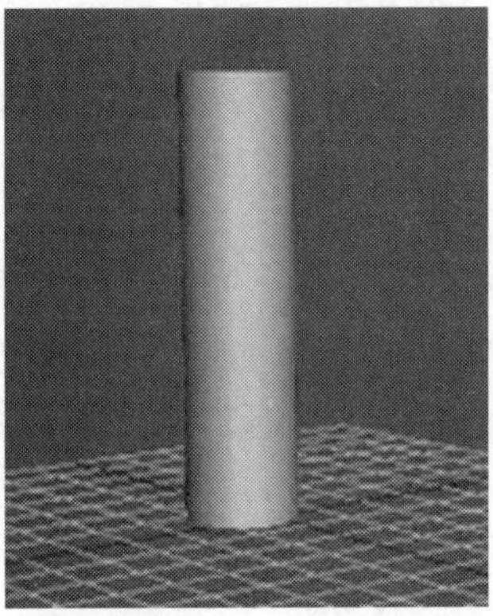

图 3-16　添加锥化修改器前

图 3-17　添加锥化修改器后

3.2.4　创建复合对象

3.2.4.1　复合对象的概念

复合模型是利用两种或两种以上二维图形或三维模型复合生成一种新的三维模型。复合建模是 3ds Max 中十分常用的建模方式，通过复合建模可以快速地将两个或两个以上的对象按照一定的规范组合成为一个新的对象，从而达到一定的建模目的。

3.2.4.2　复合对象的类型

3ds Max 中包含的复合对象主要是 12 种，图 3-18 显示了复合对象的类型，下面介绍几种比较常用的复合对象。

(1) 连接：如图 3-19 所示，将两个对象连成一个对象，执行此操作时需要先删除各个对象要连接处的面，在其表面创建一个或多个洞，并使洞与洞之间面对面，然后应用“连接”命令。

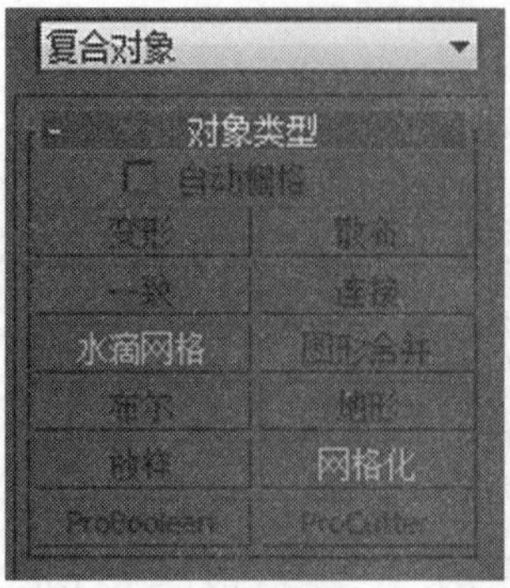

图 3-18　复合对象的类型

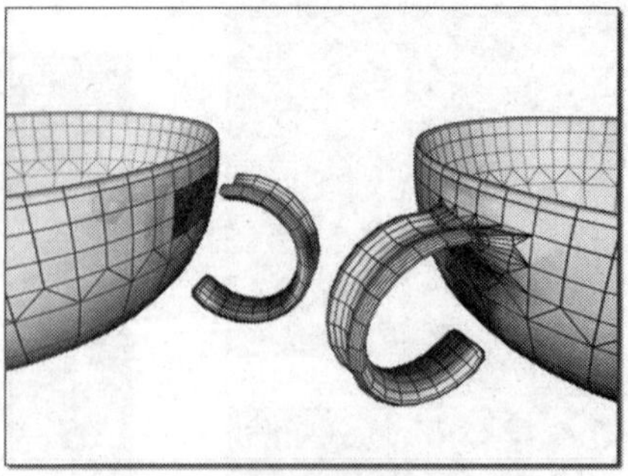

图 3-19　复合对象——连接

(2) 图形合并:将二维对象融合到三维网格对象上,它是将图形投影到三维对象表面,产生相交或者相减的效果,经常用于在对象表面产生镂空或浮雕文字、花纹等效果。如图 3-20 所示在汽车的轮胎上填上字母就需要用到该功能。

图 3-20　复合对象——图形合并

(3) 布尔:将两个或两个以上的几何对象进行交、并或差的运算,从而得到一种复合对象的方法。如图 3-21 所示为对场景中的对象进行布尔运算所得到的结果。

(4) 放样:将两个或两个以上二维图形合成为一个三维对象,即将二维截面图形放到三维的空间路径上,使之沿着这条路径伸展,从而得到一个三维模型。如图 3-22 所示,在场景中创建两个二维图形,通过放样,使得星形沿着曲线的路径伸展,形成如图 3-23 所示的模型。

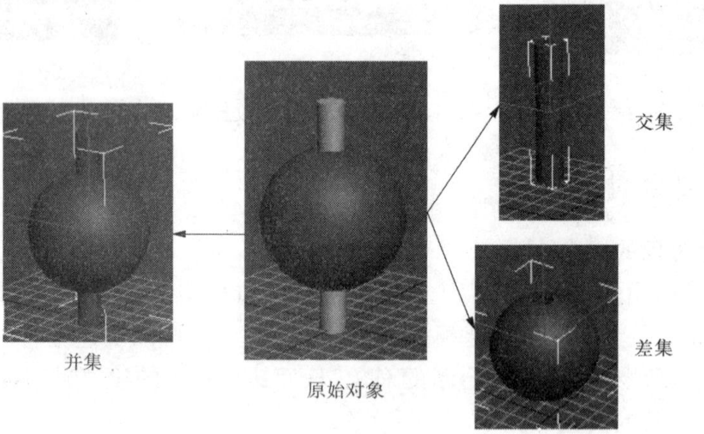

图 3-21　复合对象——布尔

3.2.4.3　创建放样对象

(1) 在场景中创建两个二维图形。

(2) 选中路径曲线,单击"放样"按钮,单击"获取图形"按钮,单击场景中的形状曲线,生成放样模型,如图 3-24 所示。

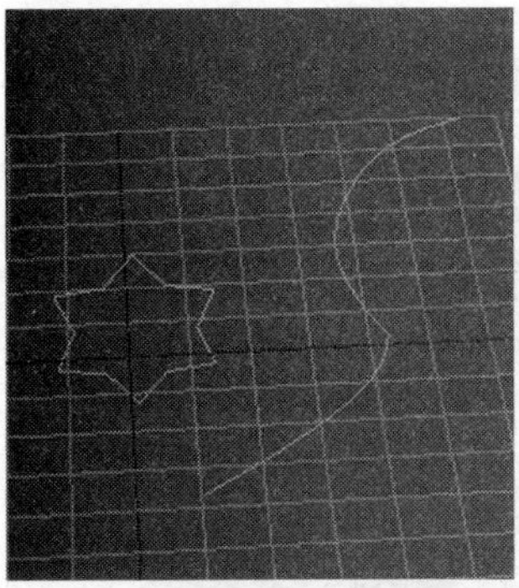

图 3-22　创建的二维图形

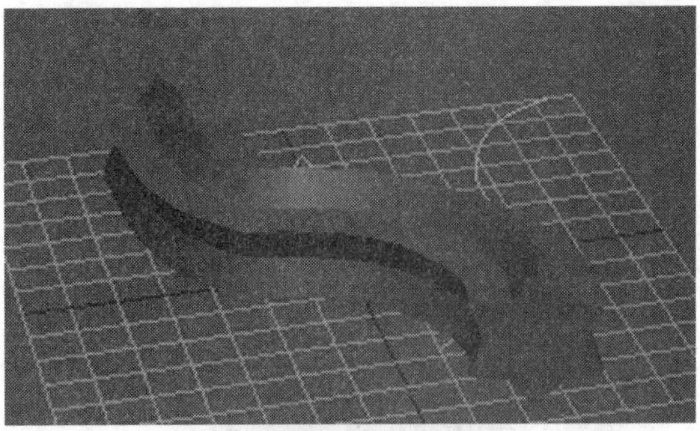

图 3-23　放样之后的模型

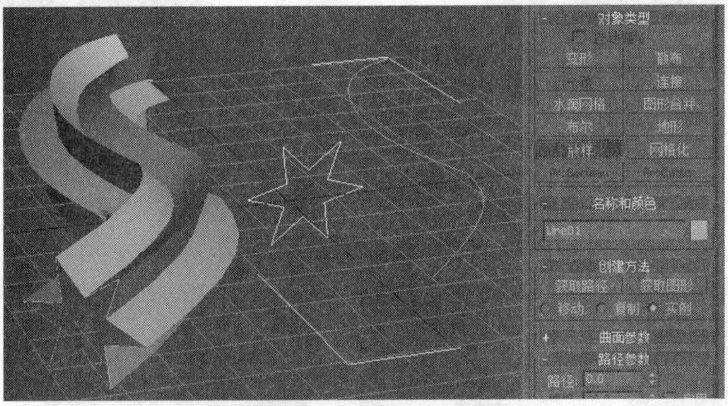

图 3-24　创建放样对象

(3)使用缩放变形工具对放样对象进行调整,如图 3-25 所示。

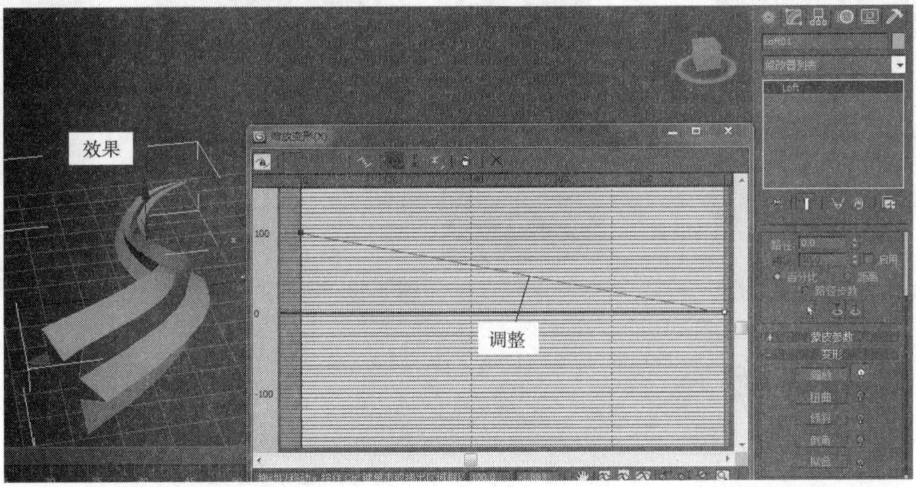

图 3-25　缩放变形效果

3.2.4.4　创建布尔对象

(1)在场景中创建两个对象,如图 3-26 所示。

(2)移动两个对象,使它们的位置相交,如图 3-27 所示。

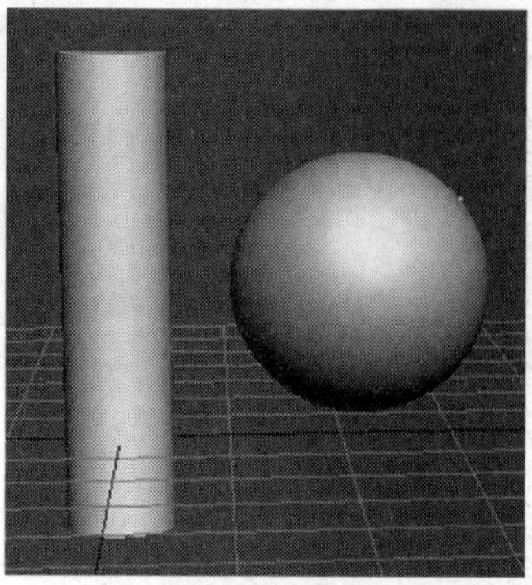

图 3-26　创建对象

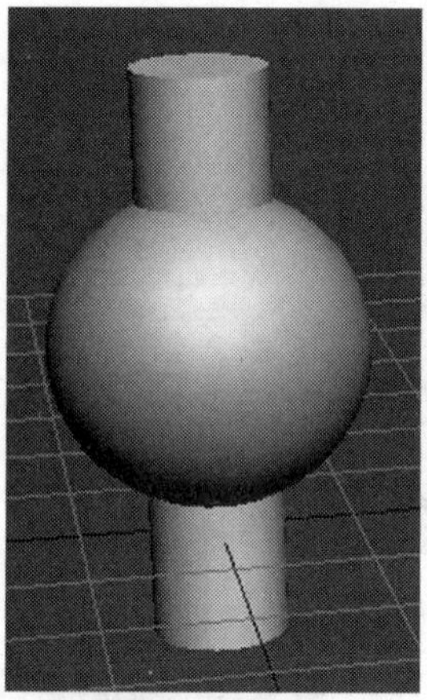

图 3-27　移动对象

（3）选中其中的“球体”对象，单击“创建”标签，在“类型”下拉列表中选择“复合对象”，单击“对象类型”中的“布尔”按钮，在“拾取布尔”卷展栏中单击“拾取操作对象 B”按钮，选中场景中的“圆柱”对象，如图 3-28 所示。

（4）设置“操作”项中的不同选项，可以改变布尔效果，如图 3-29 所示。

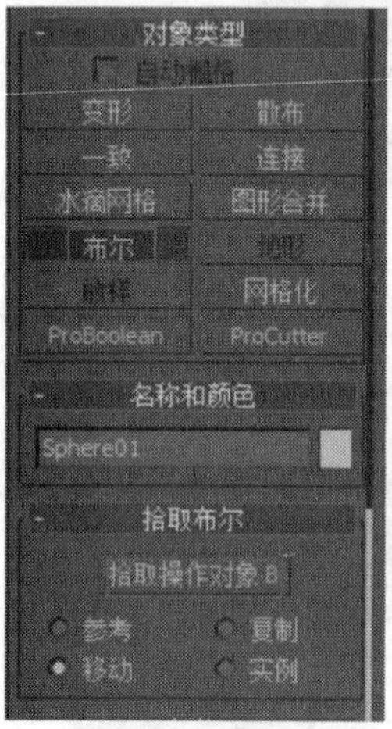

图 3-28　创建布尔对象

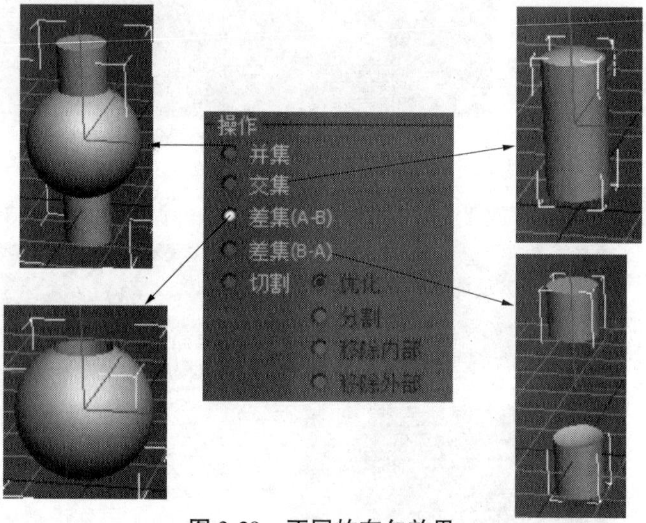

图 3-29　不同的布尔效果

3.3　项目实施

任务 1　建立电线杆模型

【任务描述】

通过对软件基本功能的学习，熟悉创建标准基本体的基本步骤，并能够运用标准基本体来创建电线杆模型。

【任务流程】

熟悉和理解实训任务及要求→学习相关背景知识→完成电线杆模型的创建。

【任务实施】

(1)运行 3ds Max 软件。

(2)创建电线杆的主体,点击“创建”标签,切换至“标准基本体”面板,选择“圆柱体”,在顶视图中创建圆柱体,如图 3-30 所示。

(3)单击“修改”标签切换到“修改”面板,在参数卷展栏中设置〔半径〕为“6”、〔高度〕为“150”,如图 3-31 所示。

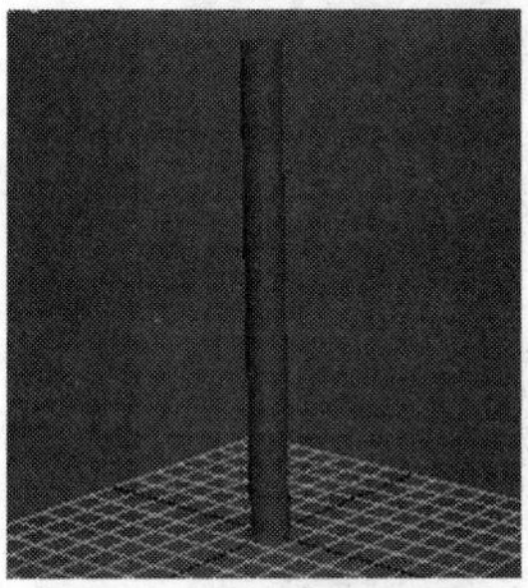

图 3-30　创建圆柱体

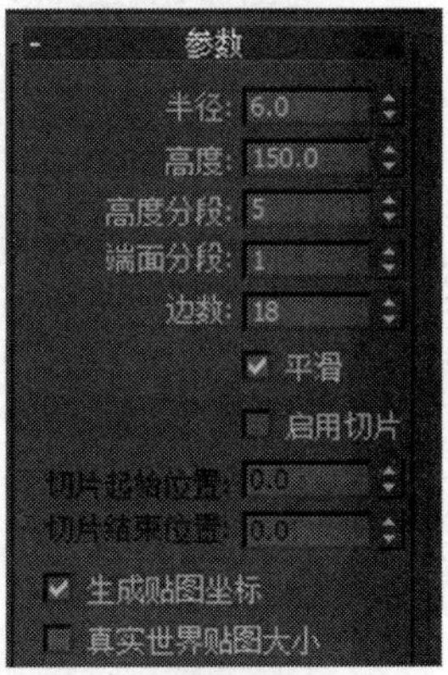

图 3-31　修改圆柱体参数

(4)制作电线杆的横担:在前视图中创建长方体,如图 3-32 所示。

(5)切换到“修改”面板,在参数卷展栏中设置〔长度〕为“5”、〔宽度〕为“50”、〔高度〕为“5”,如图 3-33 所示。

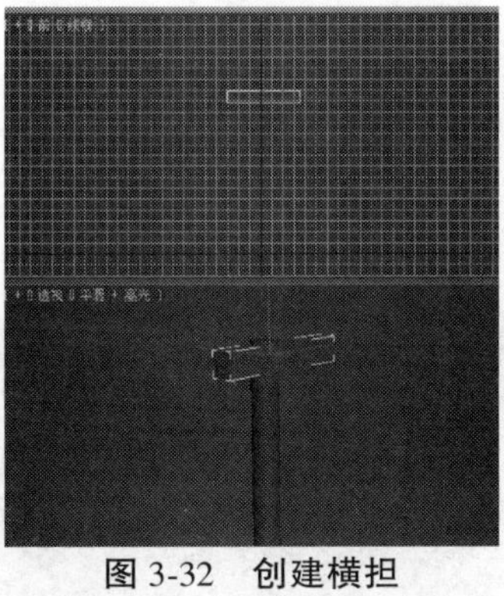

图 3-32　创建横担

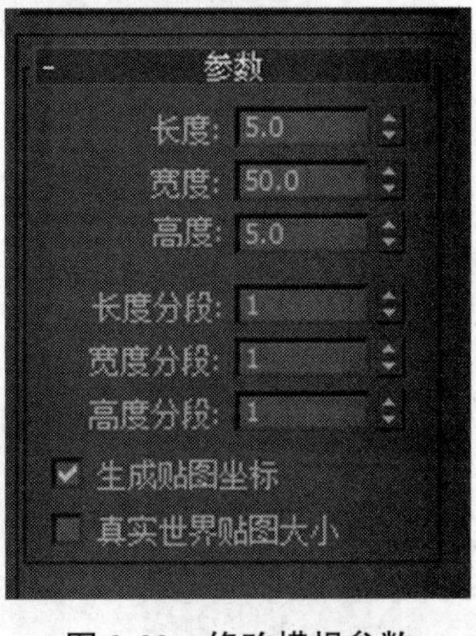

图 3-33　修改横担参数

(6)移动顶视图和前视图中长方体的位置,如图 3-34 所示。

(7)复制横担:选中制作完成的横担,在透视图中按住〈Shift〉键沿 *Z* 轴移动对象,弹出“克隆选项”对话框,设置参数,单击“确定”按钮,完成复制,如图 3-35 所示。

(8)制作用来支撑架空电线的瓷瓶:在前视图中创建一个球体。如图 3-36 所示。

(9)调整各视图中球体的位置,使得球体位于图 3-37 所示位置。

(10)复制出另外 3 个瓷瓶:选中场景中的球体,按住〈Shift〉键沿 *X* 轴移动对象,在“克隆选项”对话框中设置〔副本数〕为“3”,调整其余 3 个球体的位置,如图 3-38 所示。

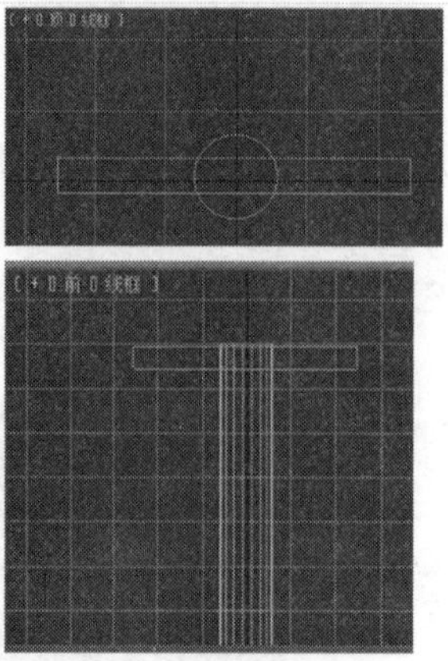

(a)

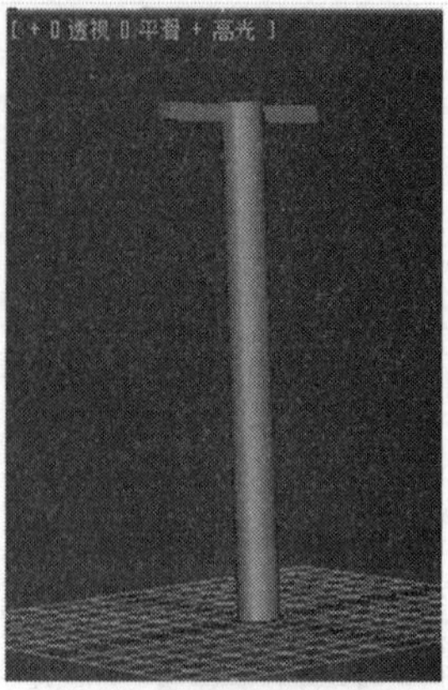

(b)

图 3-34　长方体和圆柱体在几个视图中的位置

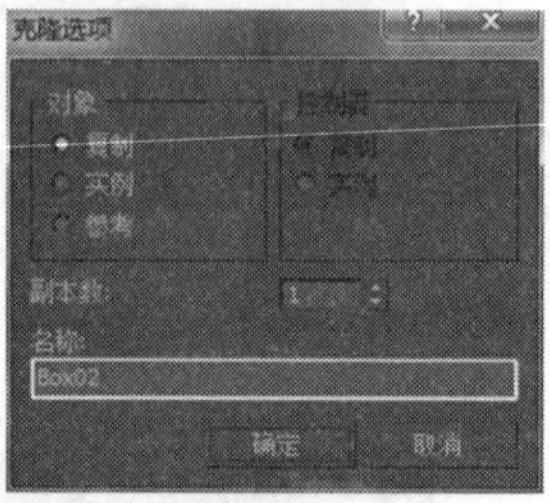

(a)

(b)

图 3-35　复制横担

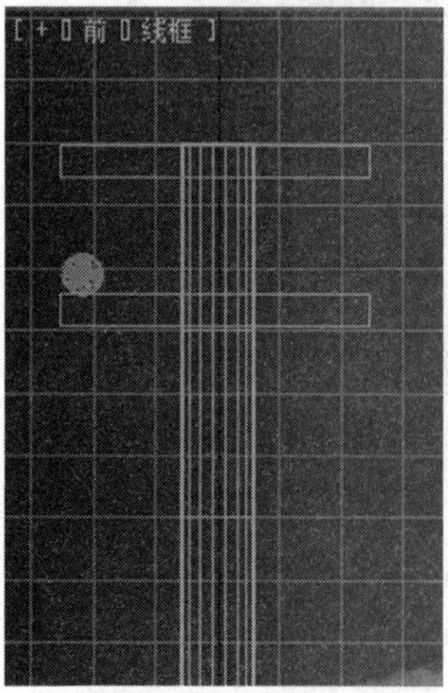

图 3-36　制作瓷瓶

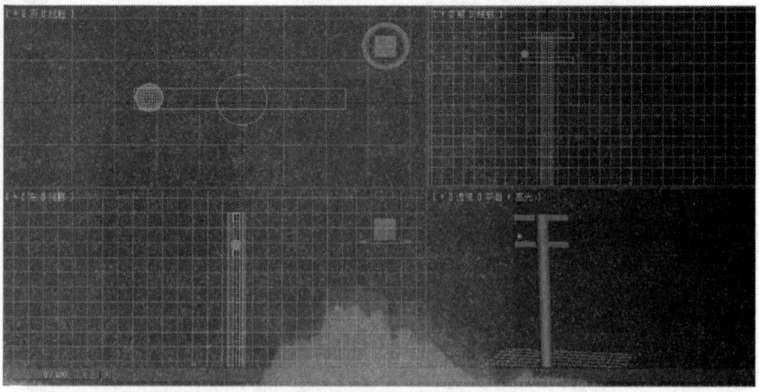

图 3-37　调整瓷瓶位置

(11)制作剩余瓷瓶,选中第一个球体,在透视图中按住〈Shift〉键沿 Y 轴移动对象,弹出

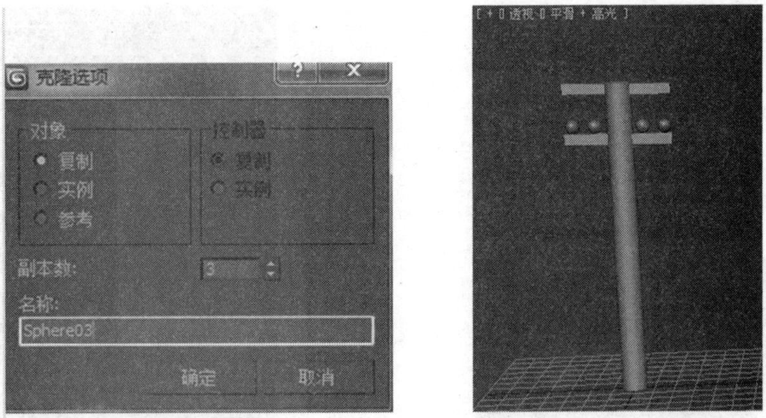

(a)　　　　　　　　　　(b)

图 3-38　制作其他三个瓷瓶

“克隆选项”对话框,设置“对象”为“复制”,单击“确定”按钮,完成复制,依次完成剩余 3 个球体,放置在图 3-39(a)所示的位置。

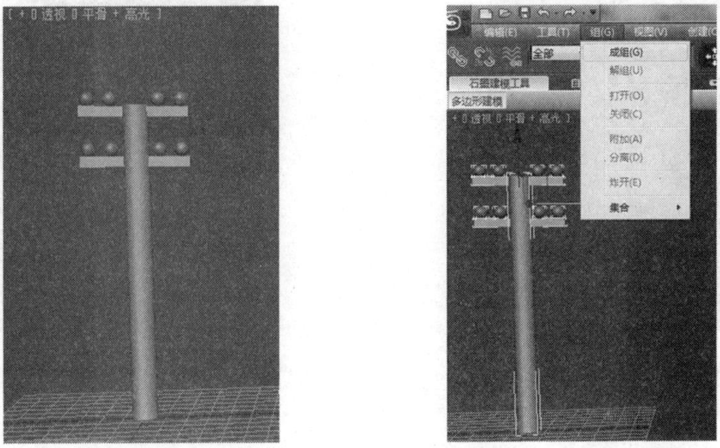

(a)　　　　　　　　　　(b)

图 3-39　制作剩余瓷瓶

(12)组合电线杆。选中如图 3-39(b)场景里面的所有对象,单击【组】→〖成组〗命令,弹出“组”对话框,在“组名”中输入“电线杆”,单击“确定”按钮,如图 3-40 所示。

(13)用前面的方法复制出两个相同的电线杆模型,如图 3-41 所示。

(14)制作电线。在前视图中创建一个圆柱,并设置圆柱的参数为〔半径〕为“0.5”、〔高度〕为“300”。

(15)对齐电线和球体。选中前视图中的电线,点击菜单栏的“对齐”按钮,拾取场景中的任意一个球体,即可弹出“对齐当前选择”对话框,如图 3-42 所示。

(16)在“对齐当前选择”对话框的“对齐位置”选项中勾选“X 位置”、“Y 位置”和“Z 位置”选项,在“当前对象”和“目标对象”选项中点选“中心”选项,单击“确定”按钮。

(17)依次完成其他几根电线的制作,最终的电线杆模型如图 3-43 所示。

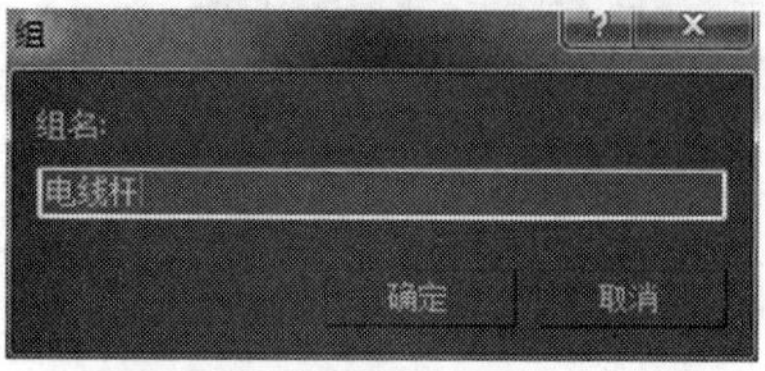

图 3-40　组合电线杆

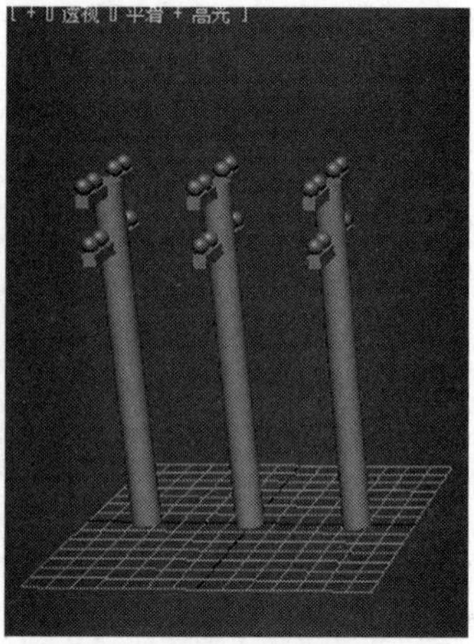

图 3-41　复制出其他电线杆

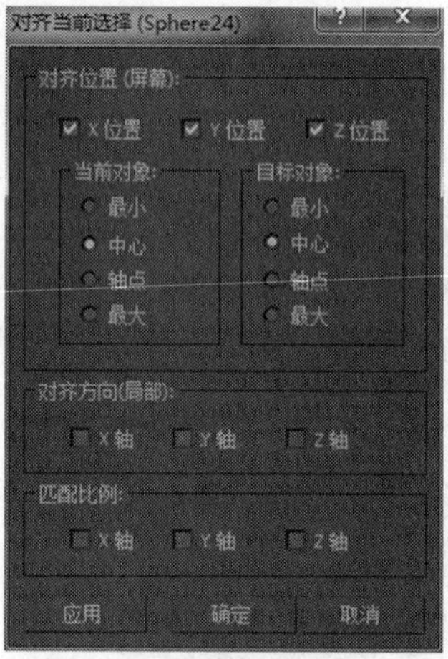

图 3-42　对齐选择

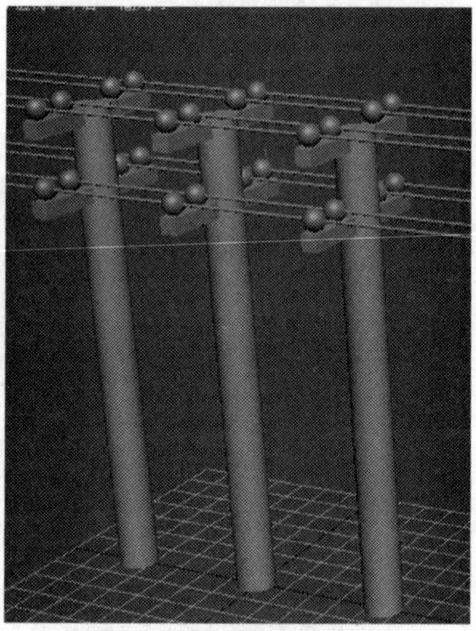

图 3-43　电线杆模型

任务 2　建立管道模型

【任务描述】

通过对软件基本功能的学习,熟练掌握给标准基本体添加适当的修改器,完成管道模型的创建。

【任务流程】

熟悉和理解实训任务及要求→学习相关背景知识→完成管道模型的制作。

【任务实施】

(1)运行 3ds Max 软件。

(2)在顶视图中创建管状体,如图 3-44 所示。

(3)切换到“修改”面板,在参数卷展栏中设置〔半径 1〕为“10”、〔半径 2〕为“8”、〔高度〕为“1 000”和〔高度分段〕为“50”。

(4)制作第一段弯曲部分。选中圆管,单击“修改器列表”,添加“弯曲”修改器,如

图 3-45 所示。

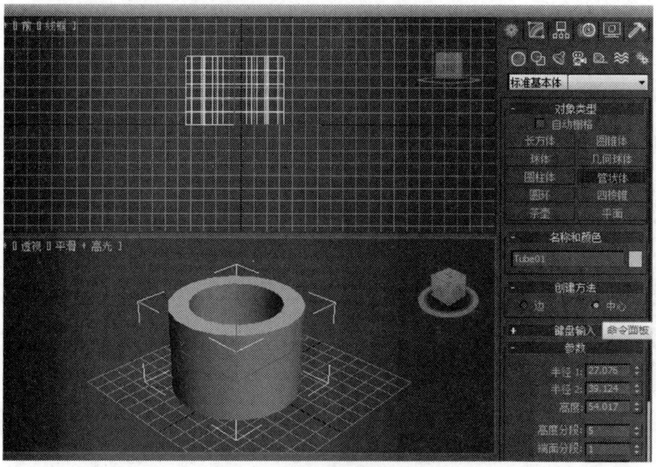

图 3-44　创建管状体

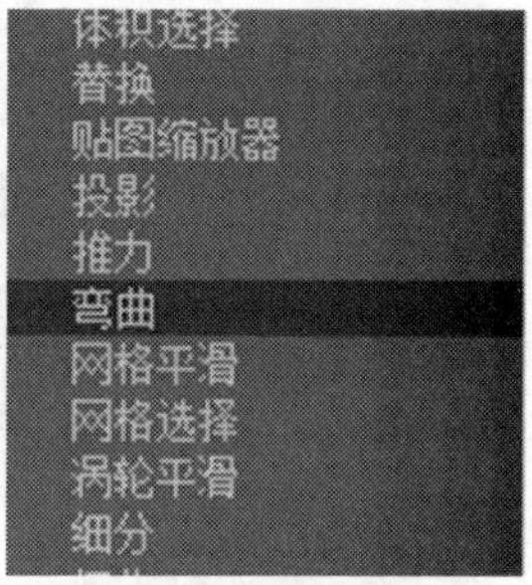

图 3-45　添加弯曲修改器

(5)在修改器的参数卷展栏中设置参数。设置〔弯曲角度〕为“90”,勾选“限制效果”并设置上限为“100”,如图 3-46 所示。

(6)设置完成后的效果图如图 3-47 所示。

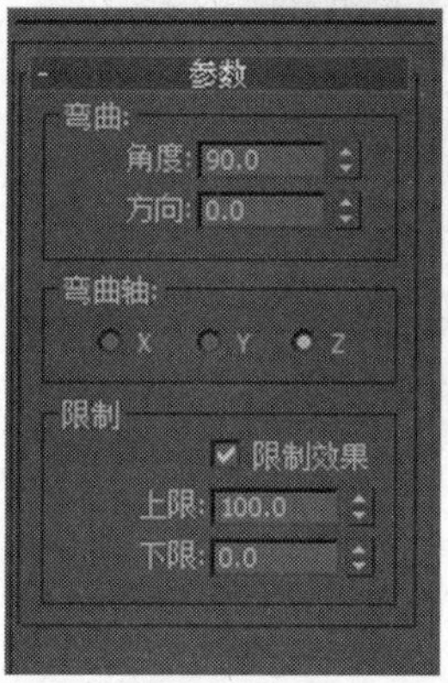

图 3-46　设置修改器参数

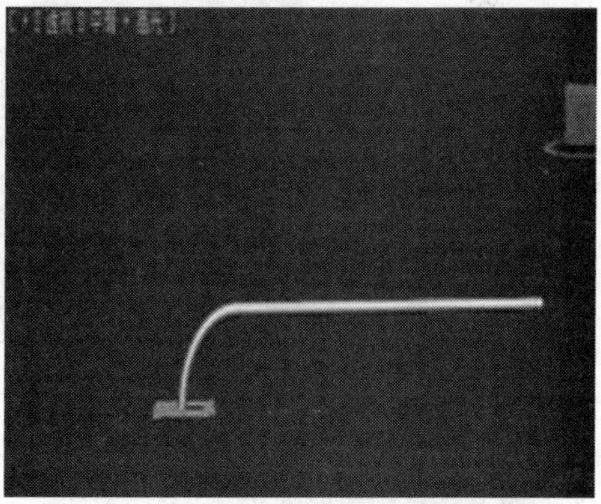

图 3-47　添加弯曲修改器后

(7)制作第二段弯曲部分。单击“修改器列表”,添加“弯曲”修改器,选中第二次弯曲的“中心”,在前视图中将中心点的位置移动到如图 3-48 所示的位置。

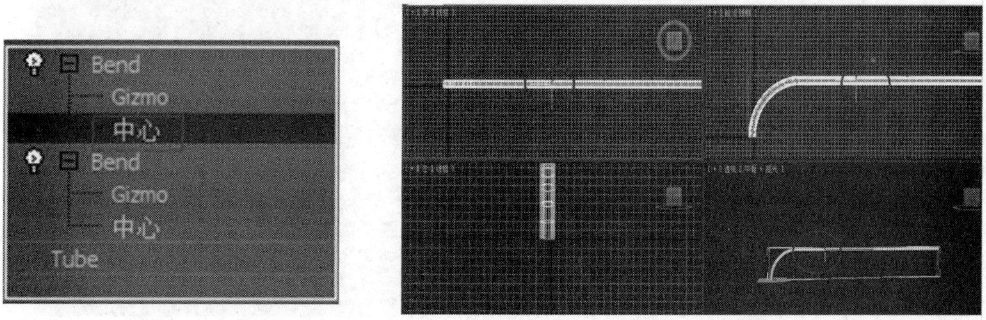

(a)　(b)

图 3-48　调整弯曲部分的中心

(8)在修改器的参数卷展栏中设置参数。设置〔弯曲角度〕为“90”,〔弯曲方向〕为“-90”,〔弯曲轴〕调整为 *X* 轴,勾选“限制效果”并设置上限为“100”,完成后的效果如图 3-49 所示。

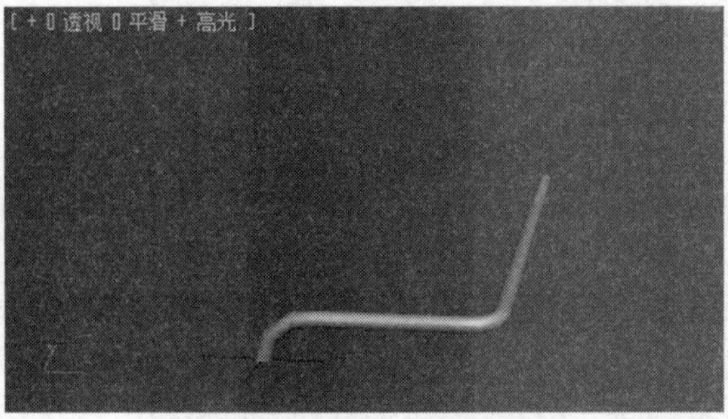

图 3-49　第二段弯曲后

(9)制作第三段弯曲部分。添加“弯曲修改器”,将中心点移动到想要弯曲的起点位置,并设置修改器的参数:〔弯曲轴〕调整为“Y 轴”,〔角度〕为“90”,勾选“限制效果”并设置上限为“100”,效果如图 3-50 所示。

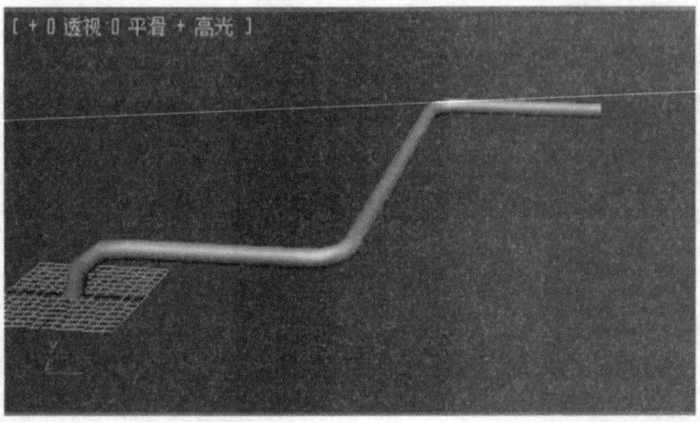

图 3-50　第三段弯曲后

(10)制作三通。在顶视图中创建一个管状体,在参数卷展栏中设置〔半径 1〕为“12”、〔半径 2〕为“10”、〔高度〕为“30”,如图 3-51 所示。

(11)点击“修改”标签在“修改器列表”中为圆管添加“对称修改器”,〔镜像轴〕选择“X 轴”,点开修改器左边的“+”号,单击下方的镜像,将轴向旋转“45 度”,效果如图 3-52 所示。

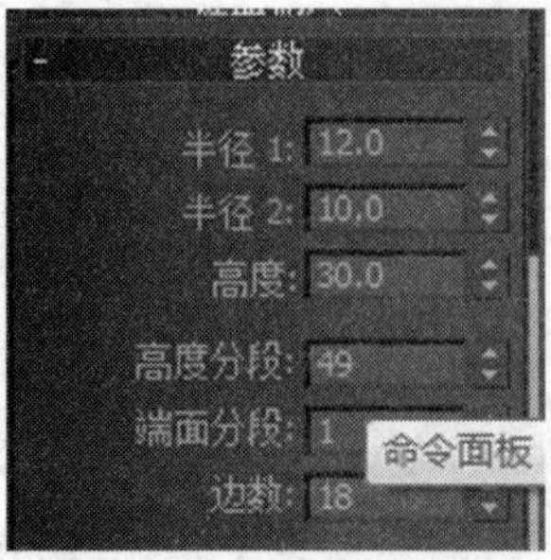

图 3-51　设置管状体参数

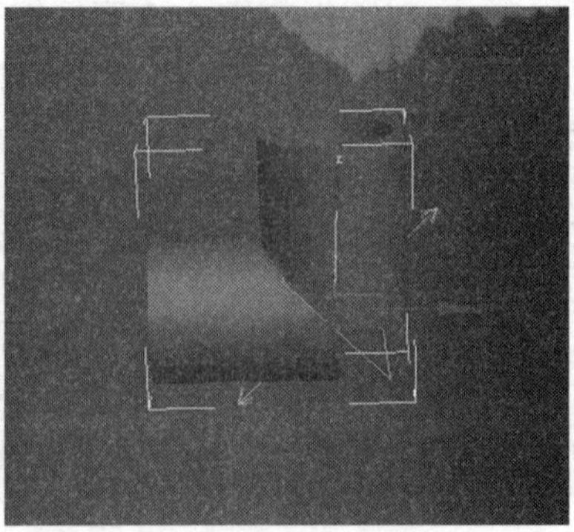

图 3-52　镜像效果

（12）继续添加“对称修改器”，〔镜像轴〕选择“Z 轴”，效果如图 3-53 所示。

（13）右击“选择并移动”按钮，将三通移动到适当的位置，如图 3-54 所示。

图 3-53 添加对称修改器

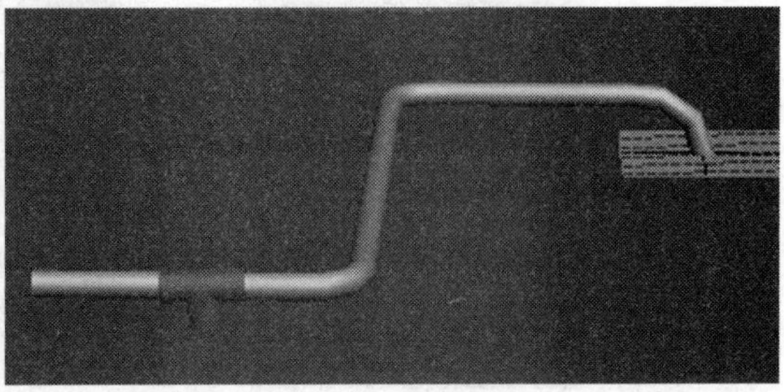

图 3-54 放置三通

（14）制作最后一根管子。同前面一样，创建一个〔半径 1〕为“12”、〔半径 2〕为“10”、〔高度〕为“80”的管状体，并使用移动工具移到合适的位置，如图 3-55 所示。

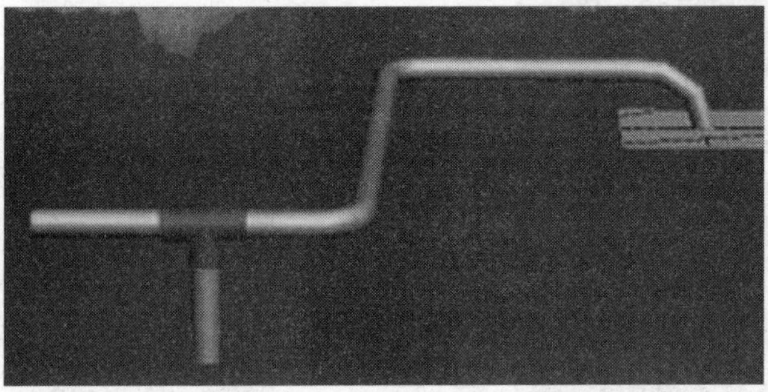

图 3-55 最后效果图

任务3 建立桥梁模型

【任务描述】

通过对软件基本功能的学习，了解扩展基本体的类型，熟悉创建扩展基本体的基本步骤，并能够在扩展基本体的基础上创建桥梁模型。

【任务流程】

熟悉和理解实训任务及要求→学习相关背景知识→完成桥梁模型的建立。

【任务实施】

（1）运行 3ds Max 软件。

（2）单击“创建”标签并切换至“几何体”面板，选择“圆柱体”工具在前视图中创建一个圆柱体。如图 3-56 所示。

（3）设置圆柱体的〔半径〕为“60”，〔高度〕为“20”。

（4）右击选择“转换为”命令，将其转换为可编辑多边形，如图 3-57 所示。

（5）在“编辑几何体”卷展栏中单击“快速切片”工具，在前视图中画出切片的位置，如图 3-58 所示。

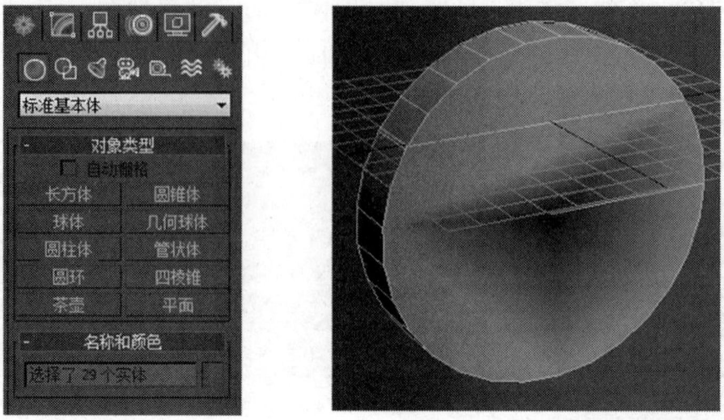

(a)　　(b)

图 3-56　创建圆柱体

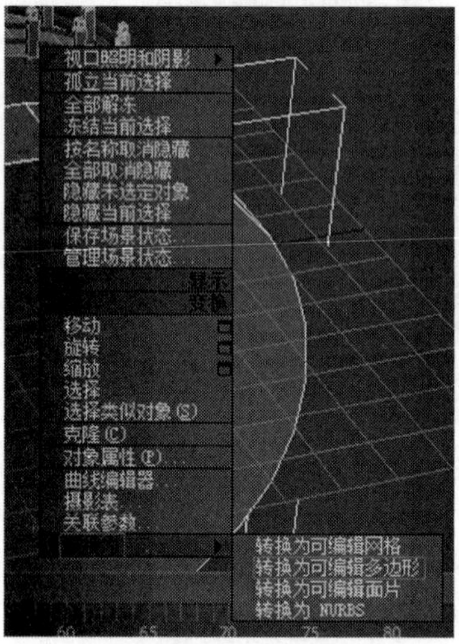

图 3-57　转换为可编辑多边形

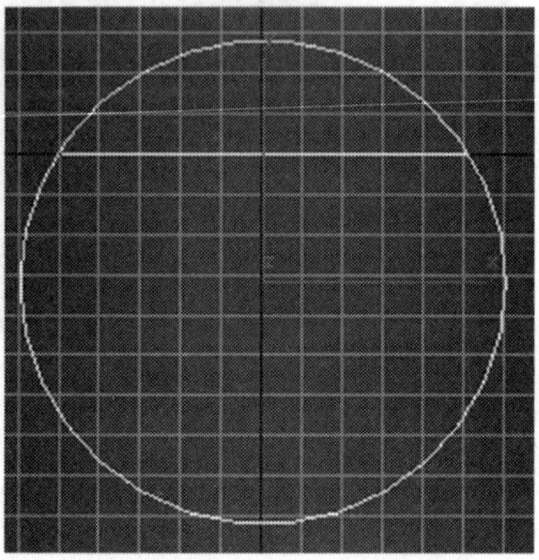

图 3-58　画出切片位置

(6)选择“多边形”,删除位于切片位置下面的所有面,如图 3-59 所示。

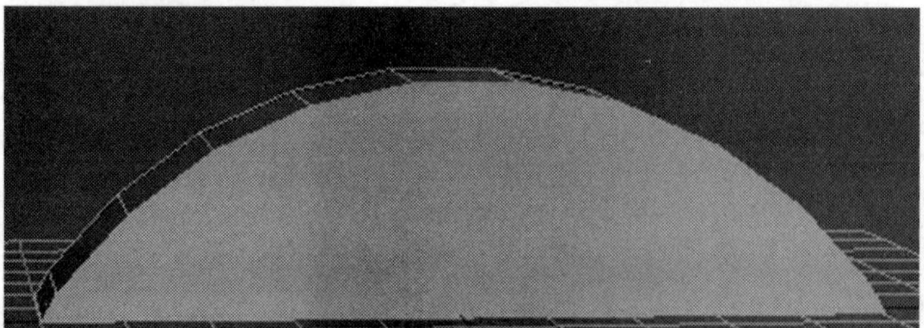

图 3-59　删除多余的面

(7)封口操作。选中半圆柱体,右击将半圆柱体转化为可编辑多边形,选择半圆柱体的“边界”,在“编辑边界”卷展栏中单击 封口 按钮,如图 3-60 所示。

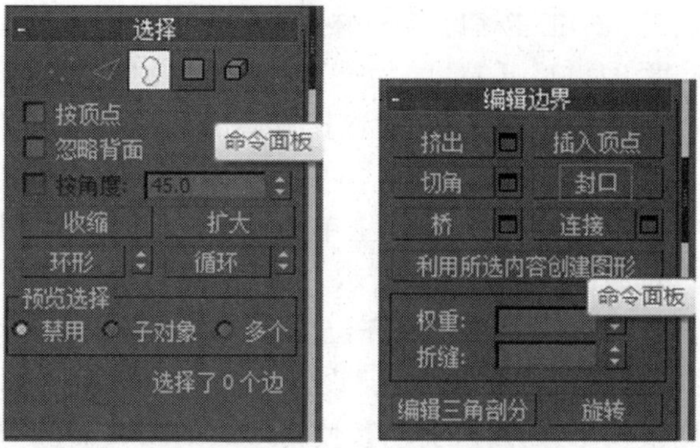

(a)　　(b)

图 3-60　封口操作

(8)制作桥洞。在前视图中创建一个圆柱体,设置圆柱体的〔半径〕为“15”、〔高度〕为“40”,并把圆柱体放在适当的位置,如图 3-61 所示。

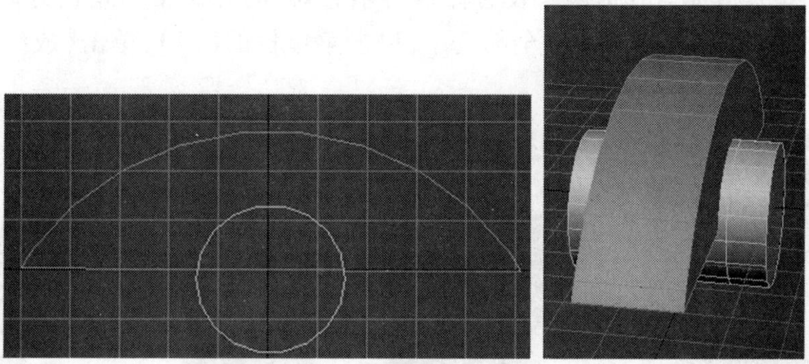

(a)　　(b)

图 3-61　桥洞在前视图和透视图中的位置

(9)选中半圆柱体,单击“创建”按钮,切换至“几何体”,选择“复合对象”,单击“布尔”命令,在拾取布尔卷展栏中单击“拾取操作对象 B”,在场景中选中圆柱体,注意设置操作类型为“差集(A−B)”,如图 3-62 所示。

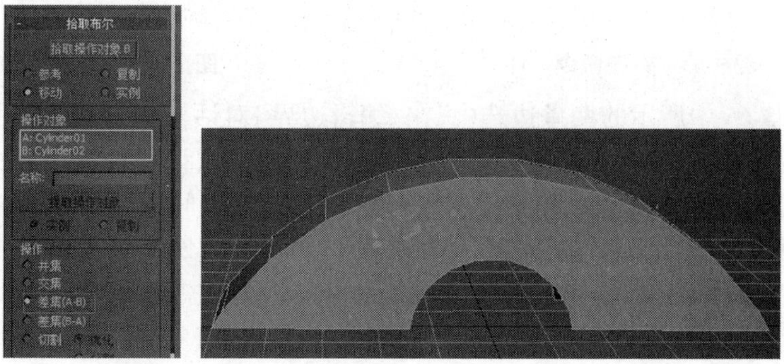

(a)　　(b)

图 3-62　布尔运算

(10)制作护栏。点击“创建”按钮,选中“标准基本体”,在顶视图中创建一个长方体,设置长方体的参数:〔长度〕为“2”、〔宽度〕为“2”、〔高度〕为“8”。

(11)在顶视图中再创建一个长方体,设置长方体的参数,〔长度〕、〔宽度〕设置为“1”,〔高度〕设置为“0. 5”。

(12)在场景中选中小长方体,在工具栏上单击“对齐”按钮,拾取场景中的大长方体,即可弹出“对齐当前选择”对话框,如图 3-63 所示。

(13)在“对齐当前选择”对话框的“对齐位置(世界)”设置项中勾选“X 位置”、“Y 位置”和“Z 位置”,在“当前对象”和“目标对象”设置项中点选“中心”选项,单击“确定”按钮。

(14)在前视图中调整两个长方体的位置,使得形成如图 3-63(b)所示的位置关系。

(15)单击“创建”按钮,选择“扩展基本体”,在对象类型中选择“切角长方体”,在顶视图中创建一个切角长方体。

(16)修改切角长方体的参数,设置〔长度〕、〔宽度〕和〔高度〕均为“1. 7”,〔圆角〕为“0. 3”。

(17)将切角长方体与其他两个长方体进行中心对齐,并调整切角长方体的位置,形成如图 3-64 所示的位置关系,将栏杆全部选中,单击菜单栏的【组】,单击〖成组〗,命名为“栏杆”。

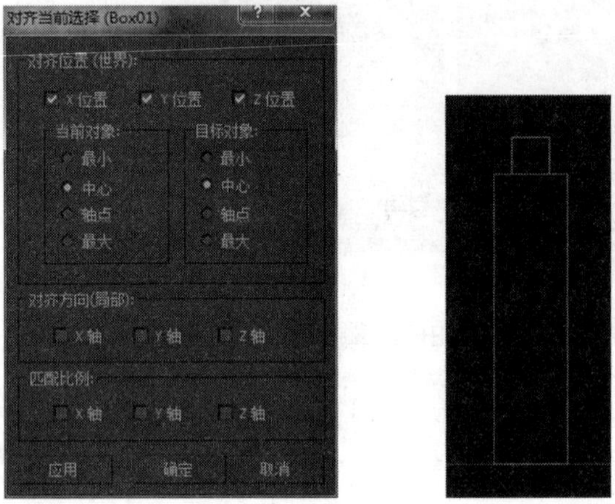

(a)　(b)

图 3-63　对齐命令

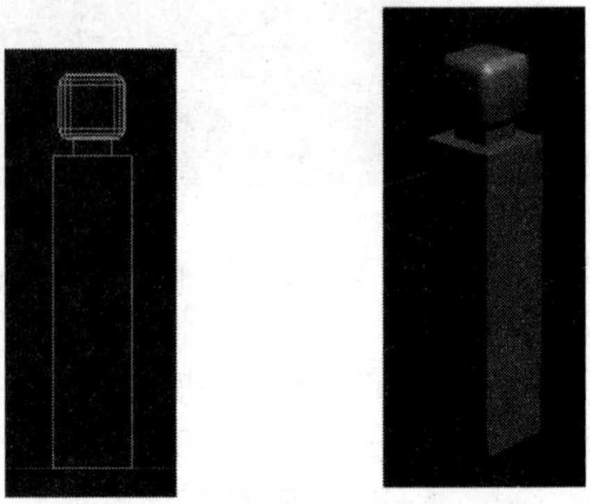

(a)　(b)

图 3-64　护栏栏杆效果图

(18)将图 3-65 中所示的两条边选中,在“编辑边界”对话框中选择“利用所选内容创建图形”,在“创建图形”对话框中将“图形类型”设置为“线性”,该两条边成为线条。

(19)选中栏杆,选择工具菜单栏里的“对齐”命令,选择“间隔”工具,单击“拾取路径”,用鼠标拾取前面提取的线条,根据桥梁大小调节计数数值为“24”,调整好单击应用。

(20)调整好护栏的位置,如图 3-66 所示。

(21)制作围栏。再次选中场景中提取的线条,在“渲染”卷展栏中设置线条的参数,勾选“在渲染中启用”、“在视口中启用”以及“矩形”,并设置矩形的〔长度〕为“1”、〔宽度〕为“0. 5”,效果如图 3-67 所示。

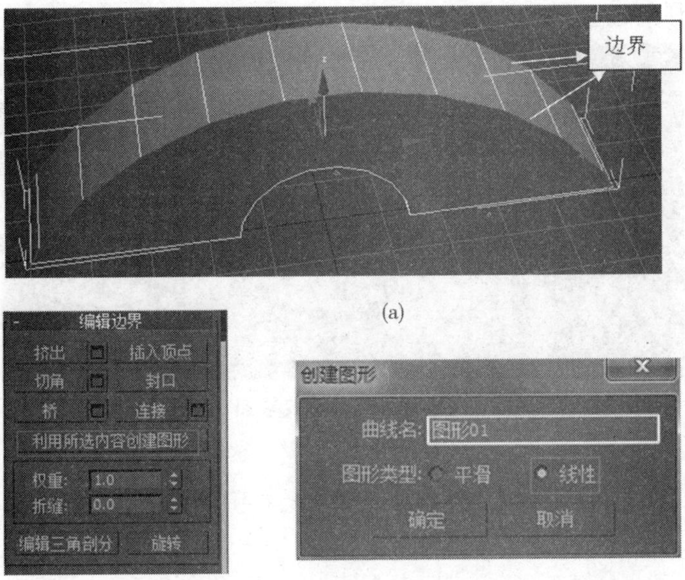

(a)

(b)　(c)

图 3-65　提取桥梁边线

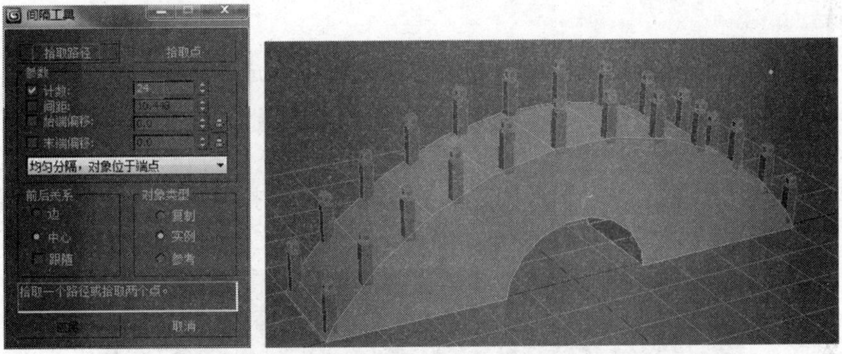

(a)　(b)

图 3-66　制作其他栏杆

图 3-67　制作围栏

(22)调节围栏的位置,如图 3-68 所示,并复制。本模型制作完成。

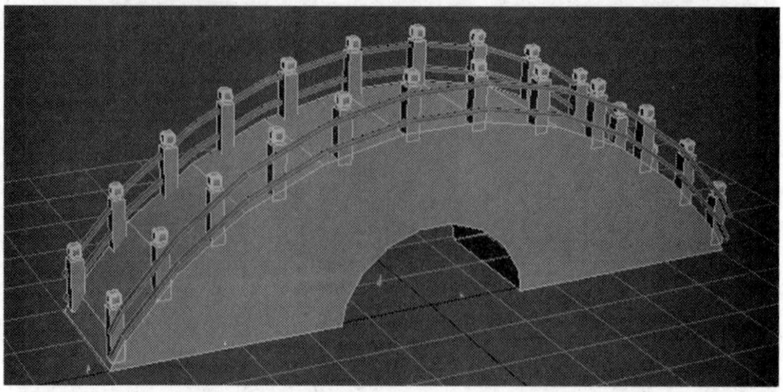

图 3-68　拱桥效果图

任务 4　建立高架桥模型

【任务描述】

复合建模是十分常用的建模方式,通过复合建模可以快速地将两个或两个以上的对象按照一定的规范组合成一个新的对象,从而达到建模的目的,该任务就是基于复合对象进行建模,通过创建高架桥模型熟悉常用的复合建模工具。

【任务流程】

熟悉和理解实训任务及要求→学习相关背景知识→完成高架桥模型的创建。

【任务实施】

(1)运行 3ds Max 软件。

(2)单击“创建”标签,选择“图形”按钮,在对象类型选择“线”工具,在前视图中画出高架桥侧立面的线条和高架桥的路径曲线,如图 3-69 所示。

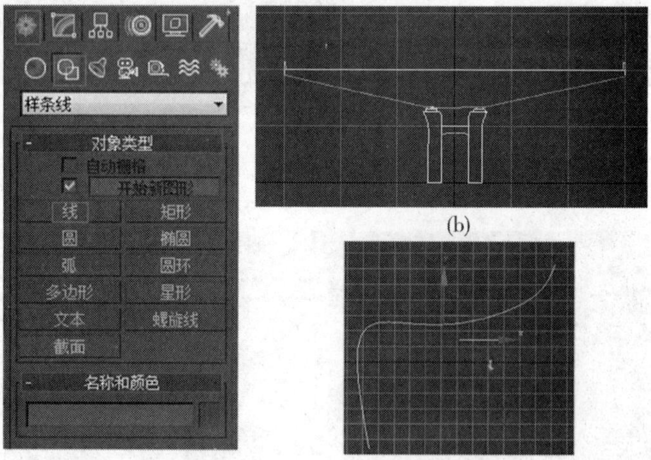

(a)　(b)　(c)

图 3-69　画出高架桥的断面图和路径图

(3)选中场景中的路径曲线,单击“创建”标签,选择“复合对象”,单击“放样”命令,单击“获取图形”按钮,选中场景中高架桥断面图,效果如图 3-70 所示。

图 3-70 放样之后的效果图

(4)在高架桥上添加文字。单击“创建”标签,选择“图形”按钮,单击“文本”按钮,在顶视图中添加文字,如图 3-71 所示。

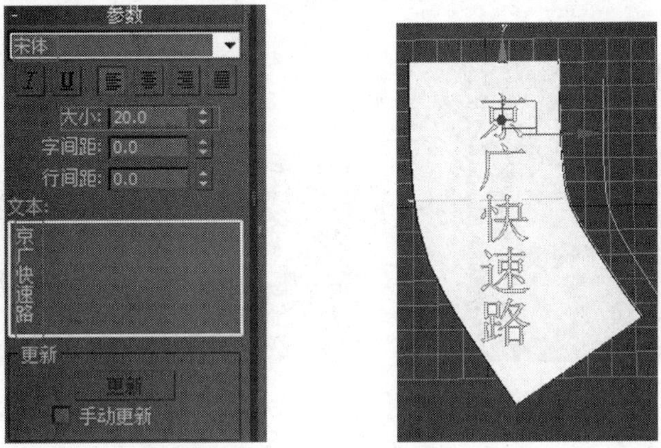

(a) (b)

图 3-71 添加文字

(5)选中文字,给文字添加“弯曲修改器”产生跟路线一样的弯曲效果,如图 3-72 所示。

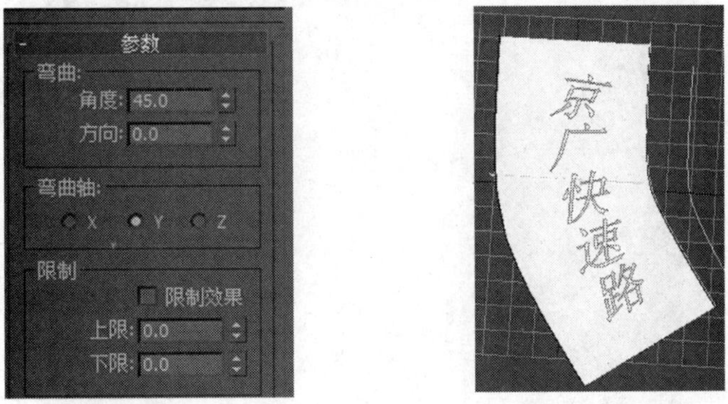

(a) (b)

图 3-72 添加弯曲效果

(6)图形合并。选中高架桥,创建“复合对象”,选择“图形合并”,单击“拾取图形”,单击场景中的文字,效果如图 3-73 所示。

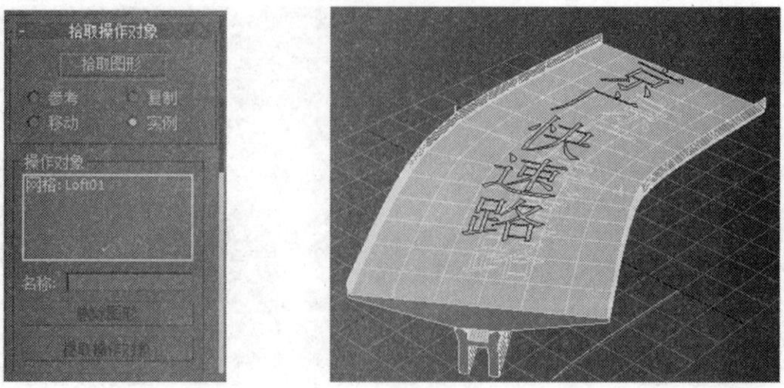

(a) (b)

图 3-73　合并效果

(7)使文字产生挤出效果,右击将模型转换为可编辑多边形,在“编辑多边形”卷展栏中点击挤出按钮,如图 3-74 所示。

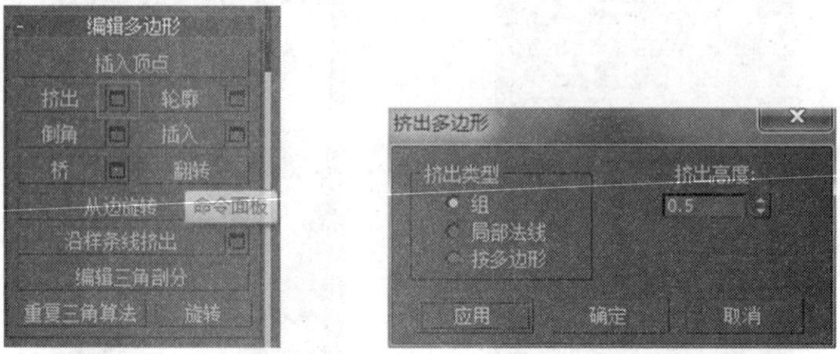

(a) (b)

图 3-74　挤出命令

(8)最后的效果图如图 3-75 所示。

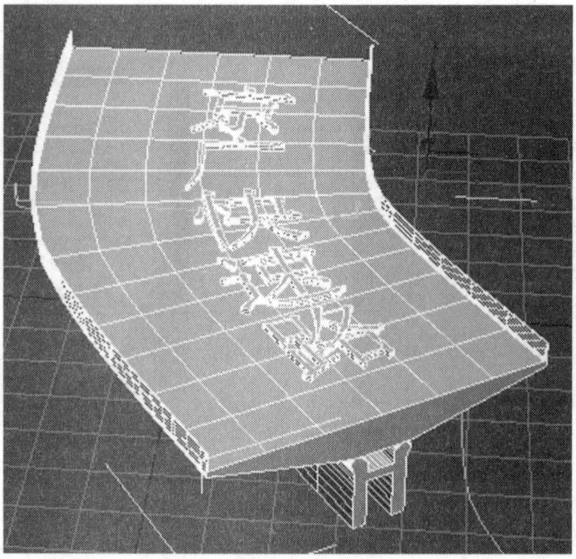

图 3-75　模型效果图

3.4　项目总结

该项目主要介绍了标准基本体的创建、扩展基本体的创建、修改器的使用以及复合建模的相关知识,并结合相关的实例一一说明。三维建模是最直接、最初级的建模方式,通过该项目的学习,能熟悉 3ds Max 的基本功能,为后面二维建模的学习做铺垫。

3.5　课后作业

1. 标准基本体和扩展基本体有哪些类型?
2. 如何使用修改器进行模型的创建?
3. 使用所学习的知识建立一个桥梁模型。

项目 4　植被土质及地貌建模

4.1　项目描述

二维建模是 3ds Max 2010 建模中非常重要的一部分,它是利用二维图形生成三维模型的建模方法,是 3ds Max 2010 建模中更具技巧性的建模方法,在标志、各种酒具和瓷器等物体的建模中经常使用,使得三维设计更加多样化、灵活化。本项目就是对以绿化带和等高线为主体的二维建模方法进行集中讨论。具体包括以下两个任务:

任务 1　建立绿化带模型。

任务 2　等高线建立地形模型。

【学习目标】

熟悉标准基本体和 AEC 扩展的基本类型,会利用标准基本体和 AEC 扩展配合相应修改器的使用以及复合对象来进行绿化带和地貌建模。

【学习重点】

使用标准基本体和 AEC 扩展以及复合对象生成三维模型。

【学习难点】

通过使用修改器、标准基本体和 AEC 扩展创建二维图形,最终生成三维模型。

4.2　背景知识

4.2.1　二维图形的创建

4.2.1.1　二维图形的类型

3ds Max 为用户提供的图形有基本二维图形和扩展二维图形两类。

1. 基本二维图形

基本二维图形是指一些几何形状图形对象,有线、矩形、圆、椭圆、弧、圆环、多边形、星形、文本、螺旋线和截面 11 种对象类型,如图 4-1 所示。

2. 扩展二维图形

扩展二维图形是对基本二维图形的一种补充,包括 NURBS 曲线和扩展样条线两类,如图 4-2 和图 4-3 所示。

4.2.1.2　二维图形的应用范围

二维图形在 3ds Max 2010 中的应用主要有以下 4 个方面。

(1)作为平面和线条物体。

对于封闭的图形,可以添加“编辑网格”修改器将它变为无厚度的薄片物体,用作地面、文字图案和广告牌等,如图 4-4 所示,也可以对它进行点面设置产生曲面造型。

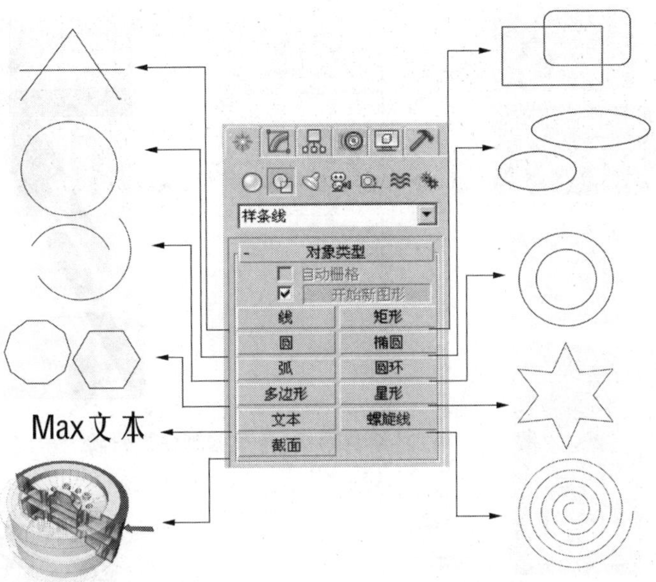

图 4-1　基本二维图形

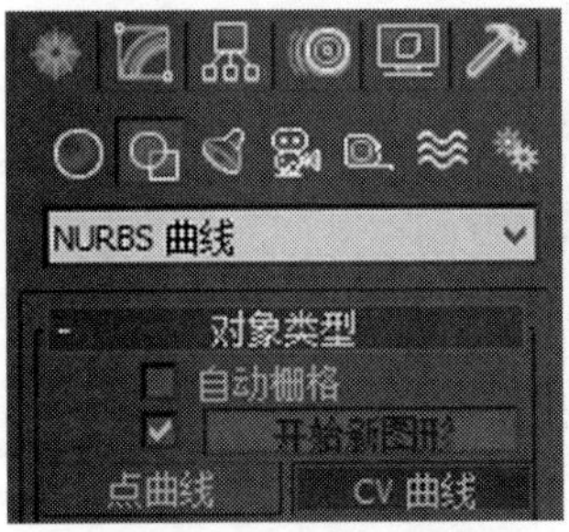

图 4-2　NURBS 曲线

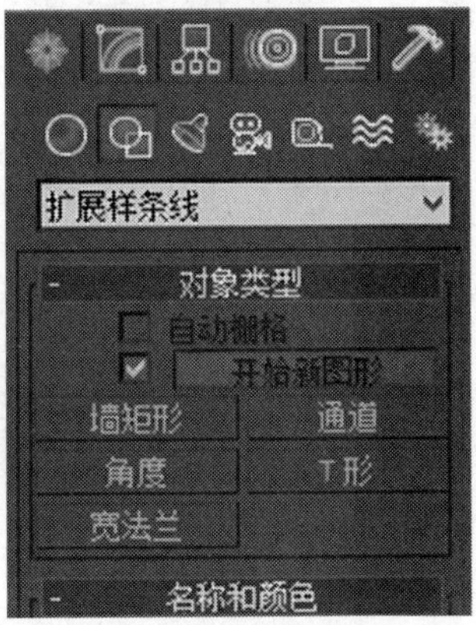

图 4-3　扩展样条线

(2)作为“挤出”“车削”和“倒角”等修改器加工成型的截面图形。

“挤出”修改器可以对图形增加厚度,产生三维框,如图 4-5(a)所示。

“车削”修改器可以对曲线进行中心旋转放样,产生三维模型,如图 4-5(b)所示。

“倒角”修改器可以在对二维图形进行挤出成型的同时,在边界上加入线形或弧形倒角,从而创建带倒角的三维模型,如图 4-5(c)所示。

(3)作为放样功能的截面和路径。

在放样过程中,图形可以作为路径和截面来完成放样造型,如图 4-6 所示。

(4)作为摄影机或物体运动的路径。

图形可以作为物体的运动轨迹,使物体沿着路径运动,如图 4-7 所示。

4.2.1.3　二维图形的创建方法

二维图形的创建方法和基本体的创建方法基本一致,都是通过对鼠标左键的操作完成的。下面介绍 3 种典型二维图形的创建方法,其他类型可依次类推。

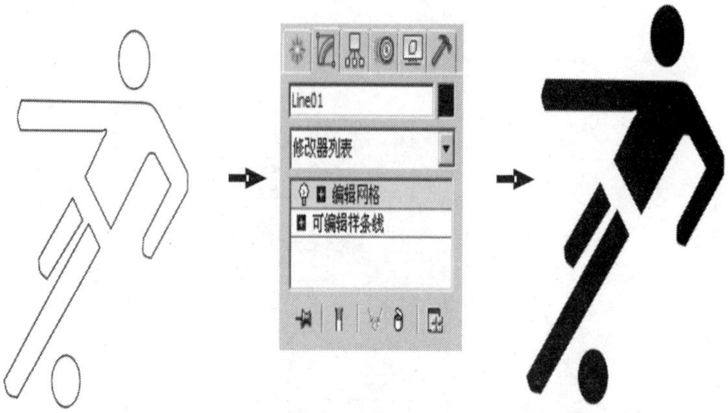

图 4-4　添加【编辑网格】修改器制作广告牌

(a)“挤出”

(b)“车削”

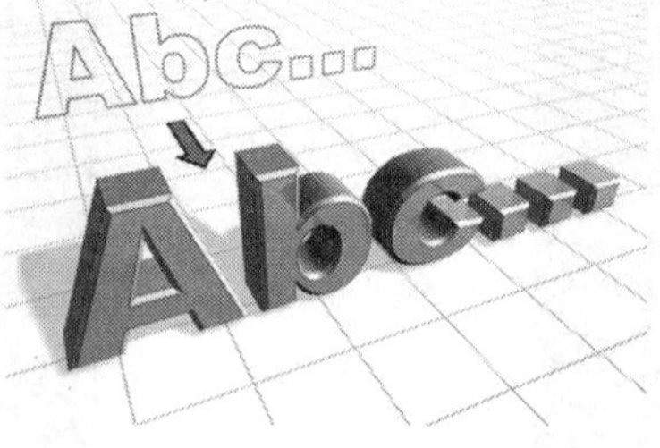

(c)“倒角”

图 4-5　应用修改器的前后效果

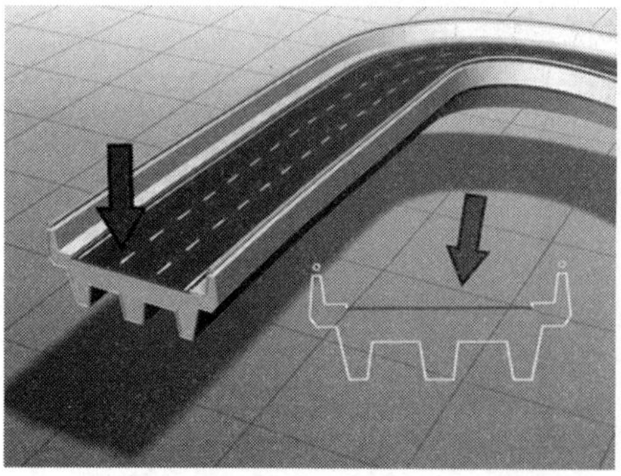

图 4-6　放样造型

图 4-7　路径约束动画效果

1. 线

线条通过“线”工具按钮绘制而成，其创建步骤如下：

(1)选择“线”工具，操作步骤为：

单击标签切换到“创建”面板。

单击按钮切换到“图形”面板。

单击线按钮，即可选中“线”工具，如图 4-8 所示。

(2)设置初始参数，如图 4-9 所示。

在“图形”面板中展开“创建方法”卷展栏。

在“初始类型”设置项中点选角点选项。

在“拖动类型”设置项中点选角点选项。

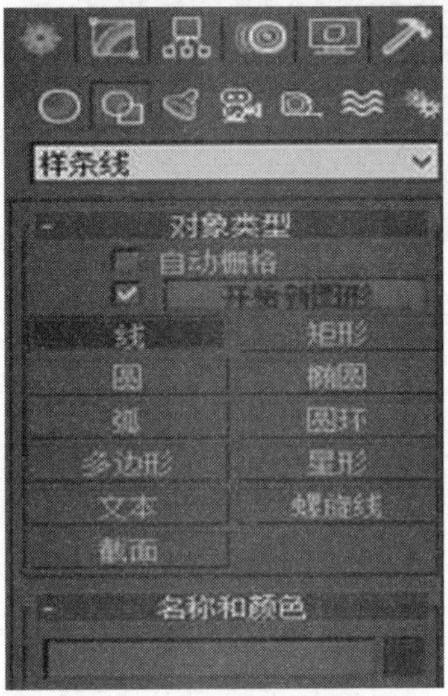

图 4-8　选择线工具

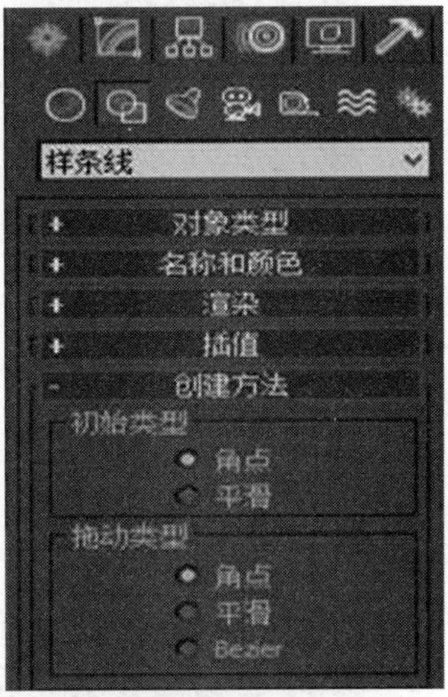

图 4-9　设置初始参数

(3)创建样条线，如图 4-10 所示。

图 4-10　创建样条线

在视图中单击确定线条的第 1 个顶点。

移动鼠标到另一个位置，然后单击创建第 2 个顶点。
移动鼠标到另一个位置，然后单击创建第 3 个顶点。
单击鼠标右键即可结束样条线的创建。

2. 矩形

矩形通过“矩形”工具按钮绘制而成，其创建步骤如下：

(1)选择“矩形”工具，如图 4-11 所示。

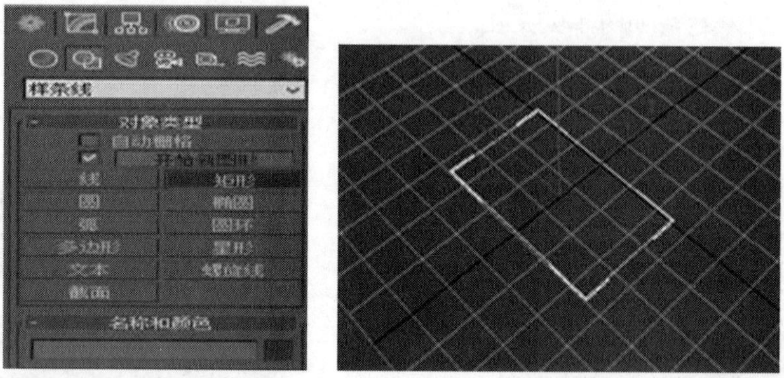

(a)　　(b)

图 4-11　创建矩形

单击按钮切换到“创建”面板。
单击按钮切换到“图形”面板。
单击矩形按钮，即可选中“矩形”工具。
在场景中单击并拖动鼠标即可创建矩形。

(2)设置矩形参数，如图 4-12 所示。

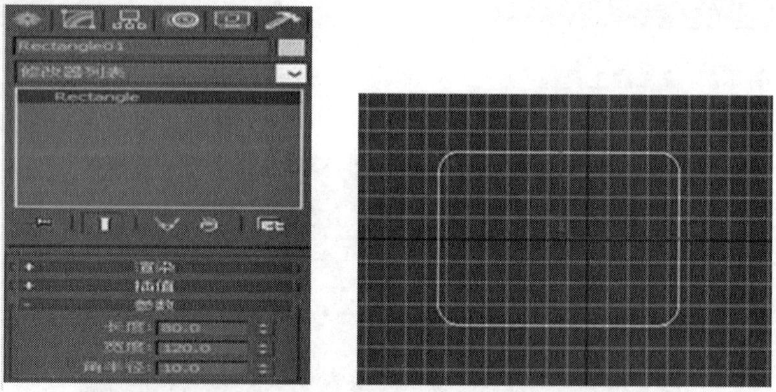

(a)　　(b)

图 4-12　设置矩形参数

选中场景中的矩形。
单击按钮切换到“修改”面板。
在“参数”卷展栏中设置〔长度〕为“80”、〔宽度〕为“120”、〔角半径〕为“10”。

3. 创建二维复合图形

使用二维图形工具按钮创建的图形在默认情况下是相互独立的。在建模过程中，经常用一些基本二维图形的组合来创建曲线，然后进行一系列编辑等操作来满足用户的要求，此时需要创建二维复合图形，其创建步骤如下：

(1) 单击按钮切换到“创建”面板。

(2) 单击按钮切换到“图形”面板。

(3) 在“对象类型”卷展栏中取消“开始新图形”选项的勾选状态，如图 4-13(b) 所示。

(4) 在场景中绘制多个图形，此时绘制的图形会成为一个整体，它们共用一个轴心点。

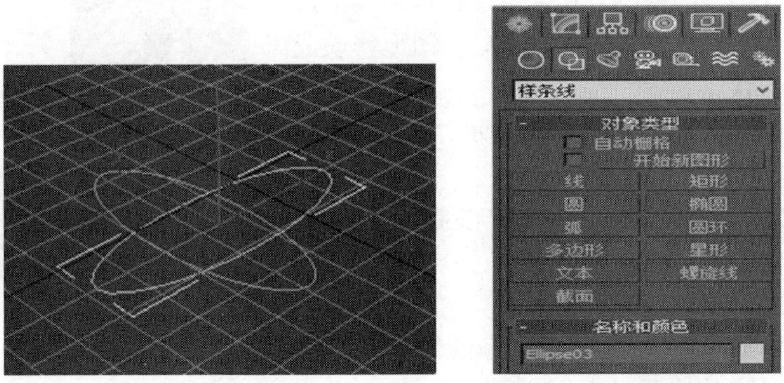

(a)　　(b)

图 4-13　创建复合图形

4. 二维图形的编辑

直接使用图形工具按钮创建的二维图形都是一些简单的基本图形，在实际运用中经常需要对二维图形的顶点、线段、样条线进行修改，使它们成为用户需要的曲线。在对二维图形进行修改时，除用“线”工具按钮绘制的图形可以直接使用“修改”面板进行修改外，如图 4-14 所示，其他图形都需要转换为可编辑样条线后才能进行修改。将图形转换为可编辑样条线有以下两种方法：

(1) 为图形添加“编辑样条线”修改器，如图 4-15 所示。

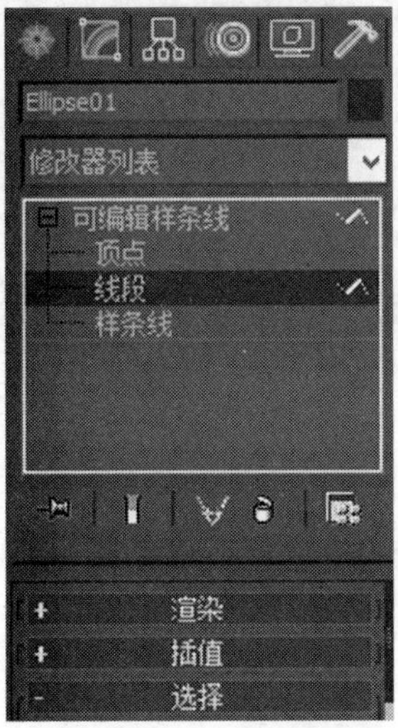

图 4-14　线条的修改面板

图 4-15　添加“编辑样条线”修改器

(2)单击鼠标右键,在弹出的快捷菜单中选择“转换为”/“转换为可编辑样条线”命令,如图 4-16 所示。

下面通过为矩形添加“编辑样条线”修改器来学习“顶点”选择集的修改方法以及常用的顶点修改选项。

(1)“顶点”选择集的修改。

在对样条线进行编辑修改时,“顶点”选择集的修改是最常用的。其主要的修改方式是通过在样条线上进行添加点、移动点、断开点、连接点等操作,将图形修改成需要的各种复杂形状。

①选择“矩形”工具,如图 4-17 所示,在前视图中创建一个矩形。

②添加“编辑样条线”修改器,操作步骤如下:

在场景中选中创建的图形。

单击按钮切换到“修改”面板。

在“修改器列表”中选择“编辑样条线”选项,为矩形添加“编辑样条线”修改器,如图 4-18 所示。

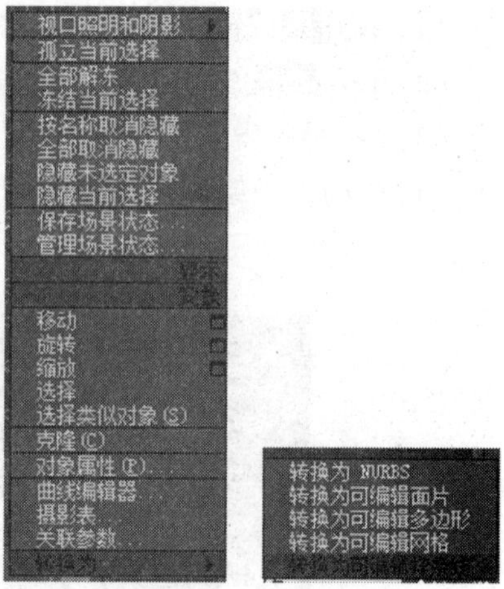

(a)　　(b)

图 4-16　快捷菜单命令

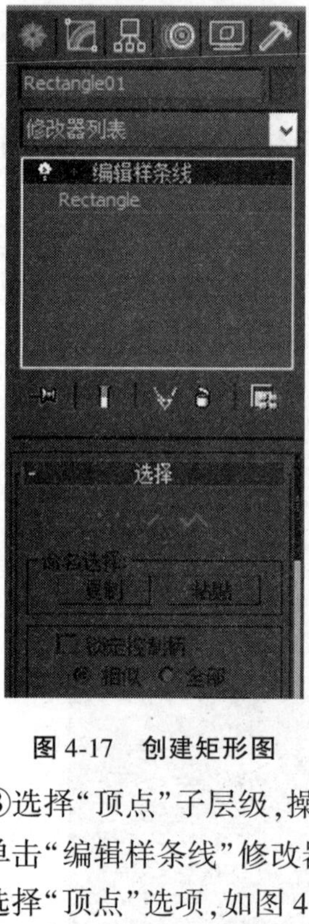

图 4-17　创建矩形图

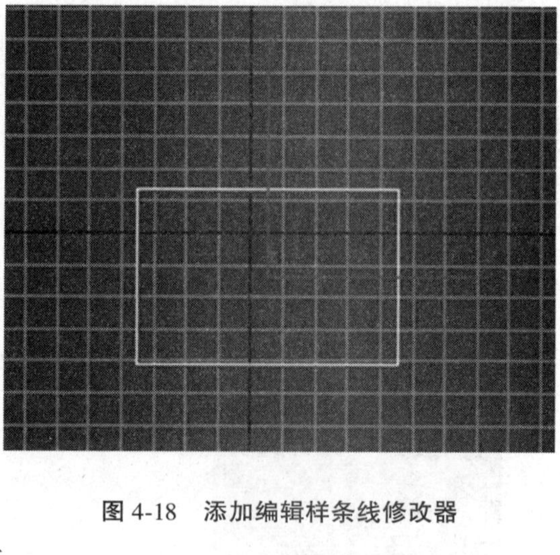

图 4-18　添加编辑样条线修改器

③选择“顶点”子层级,操作步骤如下:

单击“编辑样条线”修改器前面的符号展开“编辑样条线”修改器。

选择“顶点”选项,如图 4-19 所示。

④添加顶点,操作步骤如下:

展开“几何体”卷展栏。

单击“优化”按钮。

将鼠标指针移动至矩形的线段上，单击即可在相应的位置插入新的节点。

在视图中单击鼠标右键关闭“优化”按钮，如图 4-20 所示。

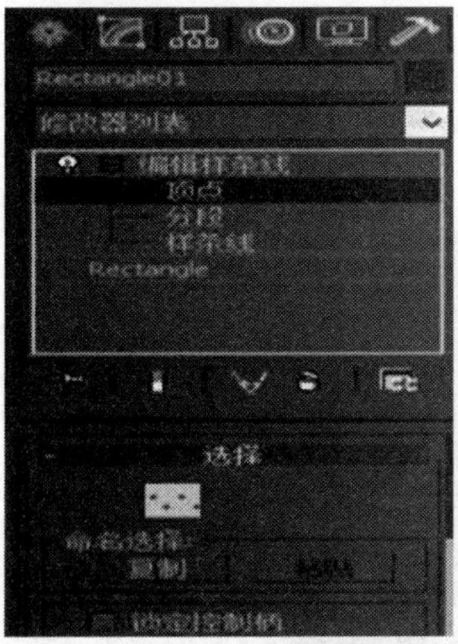

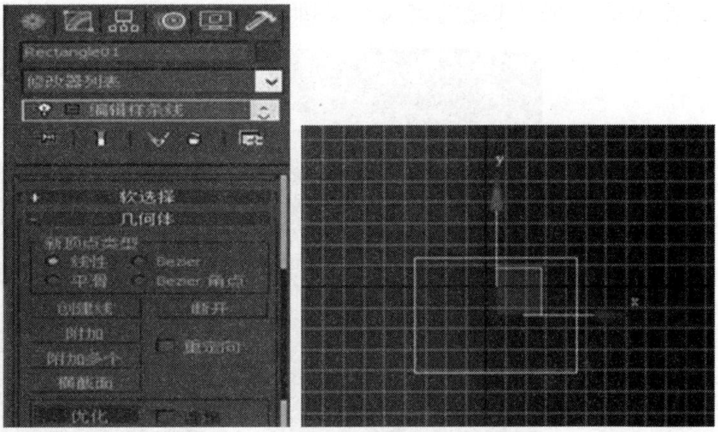

(a)　(b)

图 4-19　选择顶点子层级　　图 4-20　添加顶点

⑤调整顶点，操作步骤如下：

在工具栏中单击 按钮。

逐个选中顶点并移动顶点，如图 4-21 所示。

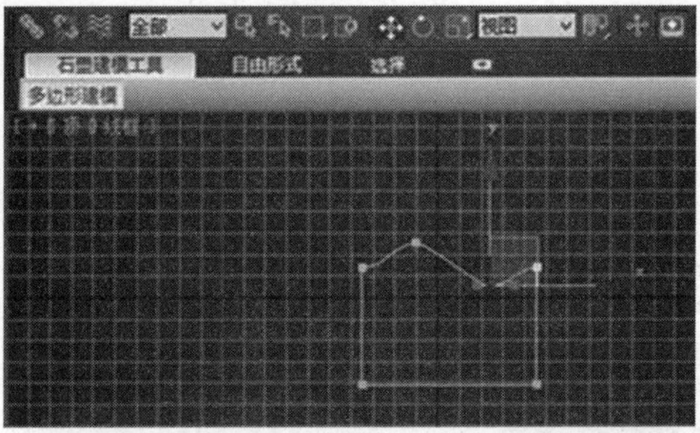

(a)

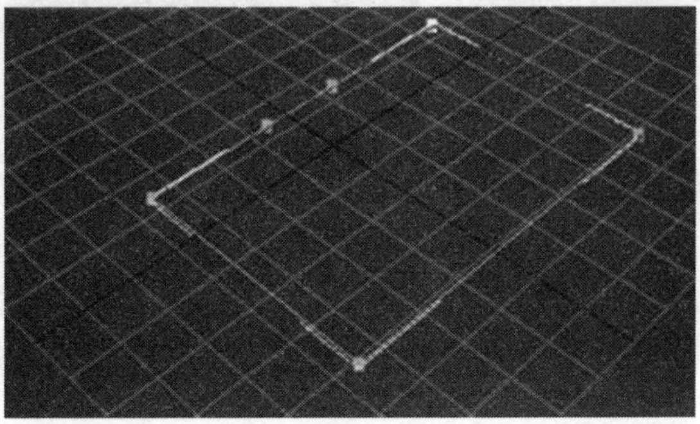

(b)

图 4-21　调整顶点

(2)“分段”选择集的修改。

要对线段进行调整，需要在“编辑样条线”修改器中选择“分段”子层级，如图 4-22 所示。在场景中选中线段即可对线段进行一系列的操作，包括移动、断开和拆分等。

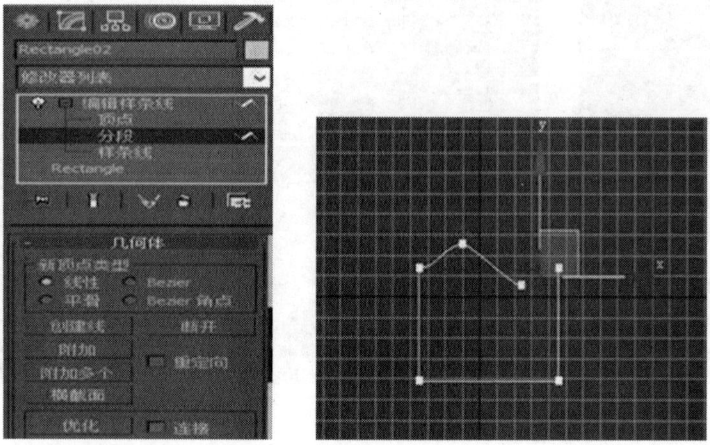

(a)　　(b)

图 4-22　调整线段

(3)“样条线”选择集的修改。

样条线级别是二维图形中另一个功能强大的次物体修改级别，相连接的线段即为一条样条线。在样条线级别中，“轮廓”和“布尔”运算的设置最为常用。下面介绍轮廓的创建方法，操作步骤如下：

在“编辑样条线”修改器中选择“样条线”子层级。

选中场景中的样条线。

在“几何体”卷展栏的“轮廓”输入框中输入“5”。

单击按钮，即可创建轮廓，如图 4-23 所示。

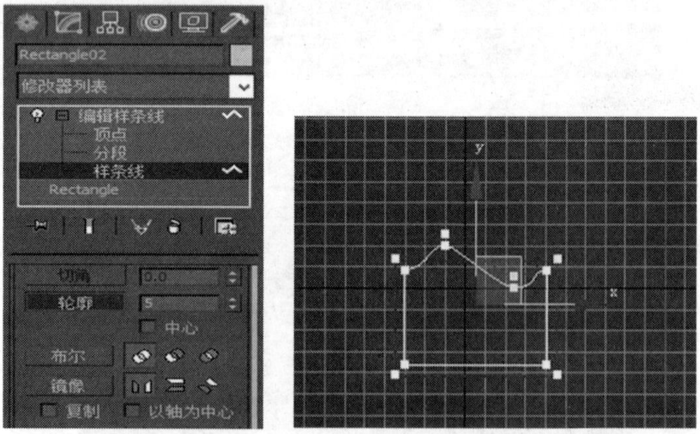

(a)　　(b)

图 4-23　添加轮廓线

4.2.2 将二维图形转换为三维模型

绘制并编辑好的二维图形通过添加修改器可以生成三维模型,下面介绍几种常用的修改器命令。

4.2.2.1 "车削"命令

"车削"命令是通过绕轴旋转一个图形来创建三维对象的。所有中心对称的三维物体都可以使用此命令制作。选中二维图形后进入"修改"面板,在"修改器列表"中选择"车削"命令,其"参数"卷展栏如图4-24所示。

其中部分参数的作用如下:

"度数":设置旋转的度数,默认值是"360.0"。

"翻转法线":勾选此复选框可以修改法线方向。

"分段":控制生成的三维物体在旋转方向上的分段数,该数值越大,则外表面越光滑,但相应的渲染时间越长。

"方向":设定旋转的旋转轴,默认值是当前视图的 Y 方向。

"对齐":设定旋转轴与二维图形的对齐方式。如果选择最大按钮,则旋转轴和当前视图在 X 方向上的最大位置对齐。

使用"车削"命令制作的模型如图4-25所示。

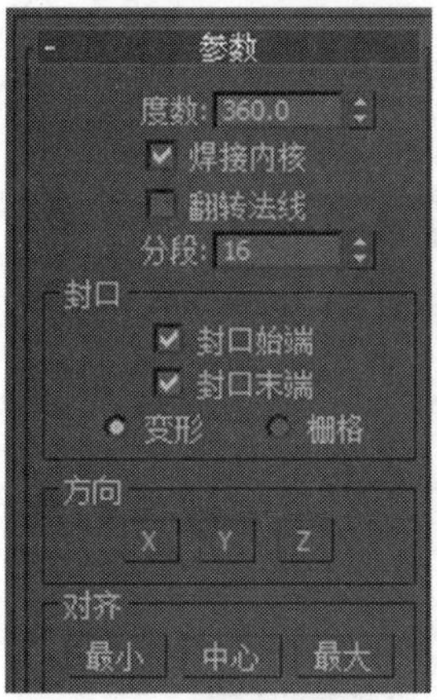

图4-24 "参数"卷展栏

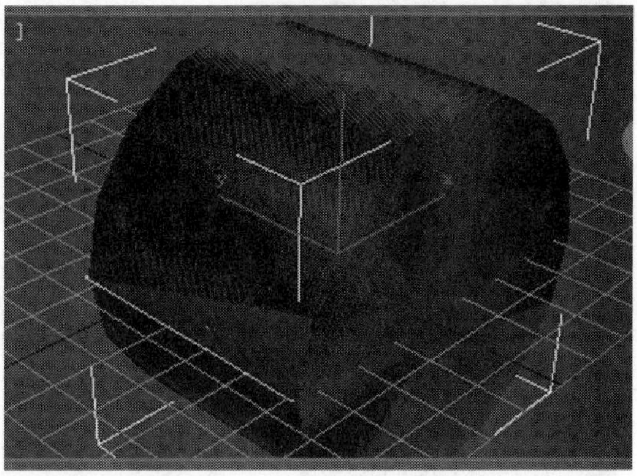

图4-25 "车削"命令生成模型

4.2.2.2 "挤出"命令

"挤出"命令可以将二维图形转变为三维模型,在后面的很多实例中都使用了这个命令。选中二维图形后进入"修改"面板,在"修改器列表"中选择"挤出"命令,其"参数"卷展栏如图4-26所示。

其中部分参数的作用如下:

"数量":设置挤出的数值。

"分段":设置在挤出方向上的分段数。在做弯曲操作时效果比较明显,数值越大越光滑。

"封口始端""封口末端":控制始端和末端是否封闭,默认状态为勾选。

使用"挤出"命令制作模型的基本思路如图4-27所示。

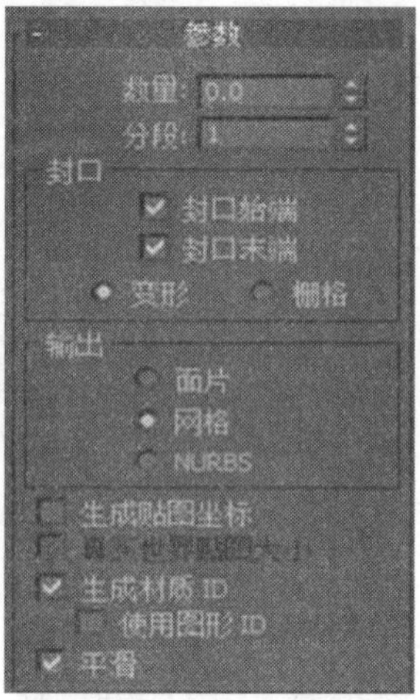

图 4-26　“参数”卷展栏

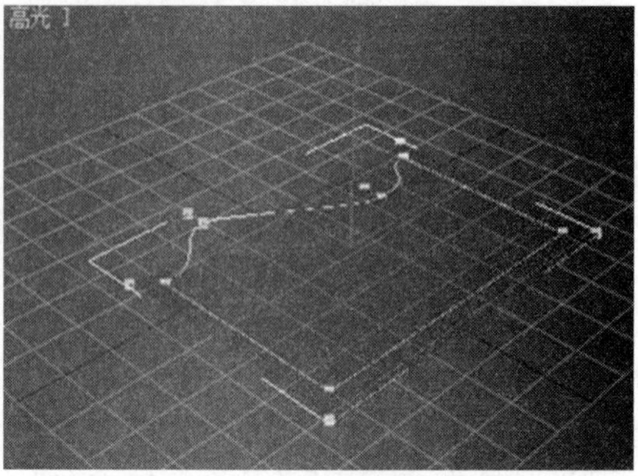

图 4-27　“挤出”命令生成模型

4.2.2.3　**“倒角”命令**

使用“倒角”命令可以将图形挤出为三维对象并在边缘生成或平或圆的倒角，常用于创建三维文本和徽标，也可以应用于任意图形。选中二维图形后，进入“修改”面板，在“修改器列表”中选择“倒角”命令，其“参数”卷展栏和倒角值如图 4-28 和图 4-29 所示。

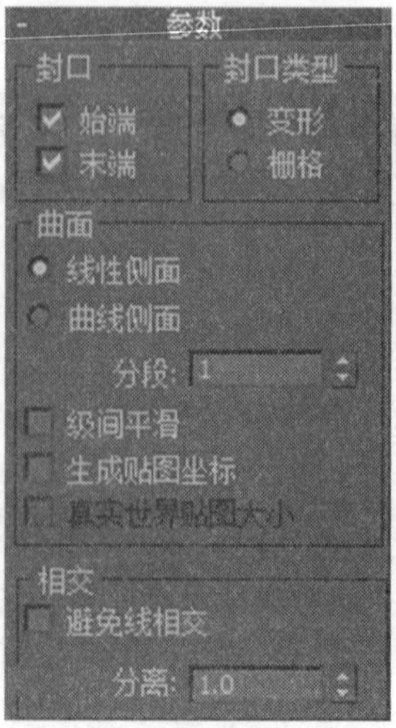

图 4-28　“参数”卷展栏

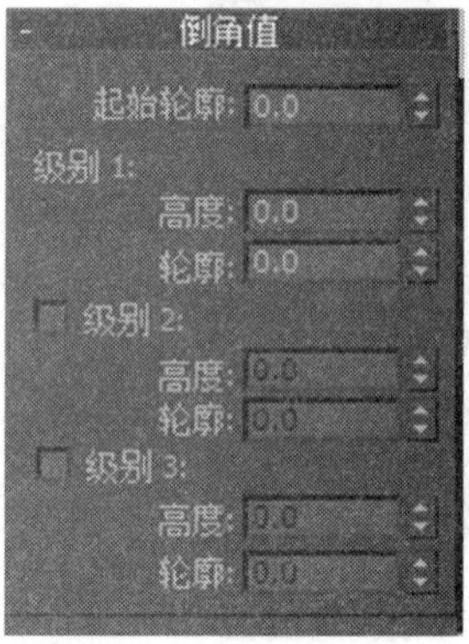

图 4-29　倒角值

其中部分参数的作用如下：

“封口”：控制生成物体始端和末端是否封闭。

“封口类型”：控制始端和末端的面的类型。使用默认的变形会更节省面数。

“曲面”：控制倒角的类型。如果选择曲线侧面单选按钮，则分段数值越大，曲面越光滑。

“避免线相交”：此复选框可以强制线不交叉。

“倒角值”：此卷展栏可设置 3 个级别的挤出倒角操作。高度数值用于控制挤出的距离，轮廓数值用于控制倒角的距离。

使用“倒角”命令制作模型的效果如图 4-30 所示。

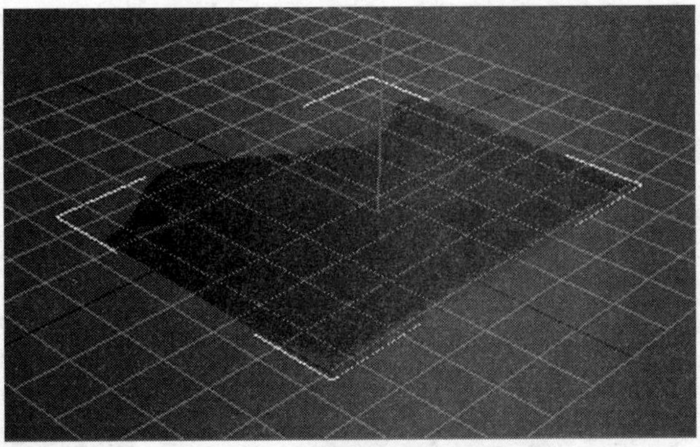

图 4-30　“倒角”命令生成模型

4.3　项目实施

任务 1　建立绿化带模型

【任务描述】

通过对基本二维图形的创建，熟悉创建标准基本体的基本步骤，并能够运用标准基本体和 AEC 扩展来创建绿化带模型。

【任务流程】

熟悉和理解实训任务及要求→学习相关背景知识→完成绿化带模型的创建。

【任务实施】

(1) 运行 3ds Max 软件。

(2) 创建绿化带的底面草坪。点击创建按钮，点击切换至“标准基本体”面板，选择长方体，在顶视图中创建长方体，如图 4-31 所示。

(3) 单击按钮切换到“修改”面板，在“参数”卷展栏中设置〔长度〕为“100”、〔宽度〕为“55”、〔高度〕为“2”，并在“名称和颜色”中设置颜色为，如图 4-32 所示。

(4) 创建绿化带的石方的一侧。点击创建按钮，点击切换至“标准基本体”面板，选择长方体，在顶视图中创建长方体，如图 4-33 所示。

(5) 单击按钮切换到“修改”面板，在“参数”卷展栏中设置〔长度〕为“10”、〔宽度〕为“70”、〔高度〕为“6”，并在“名称和颜色”中设置颜色为，如图 4-34 所示。

(6) 创建绿化带的石方的另一侧。点击创建按钮，点击切换至“标准基本体”面板，选择长方体，在顶视图中创建长方体，如图 4-35 所示。

(7) 单击按钮切换到“修改”面板，在“参数”卷展栏中设置〔长度〕为“122”、〔宽度〕为“8”、〔高度〕为“6”，并在“名称和颜色”中设置颜色为，如图 4-36 所示。

(8) 在顶图和前视图中移动长方体的位置，使之成为图中所示的位置，最后成果如图 4-37 所示。

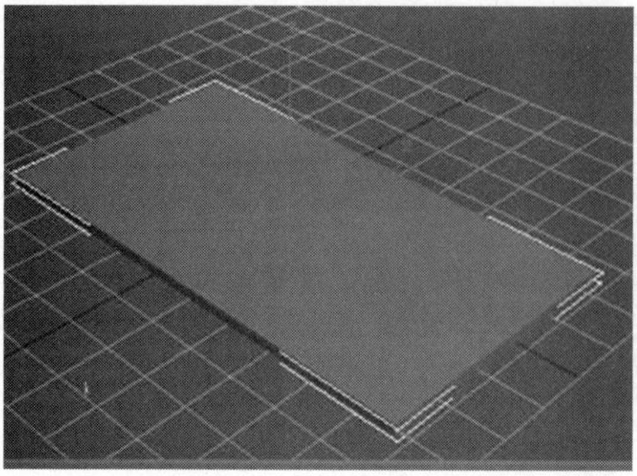

图 4-31　创建长方体

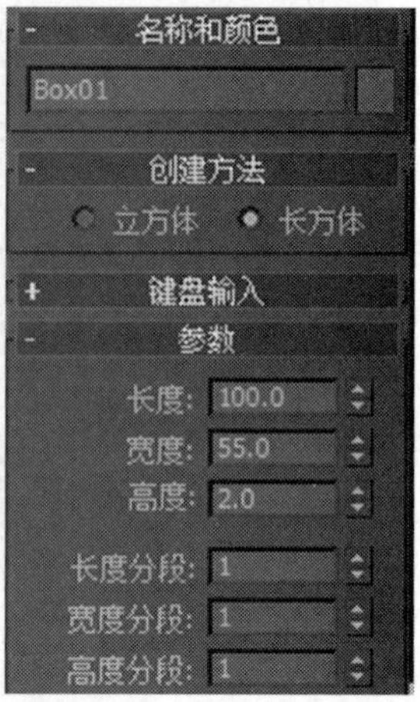

图 4-32　修改长方体参数

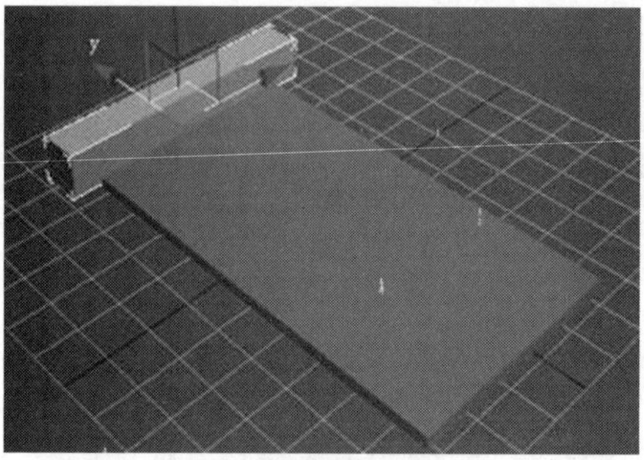

图 4-33　创建石方一侧

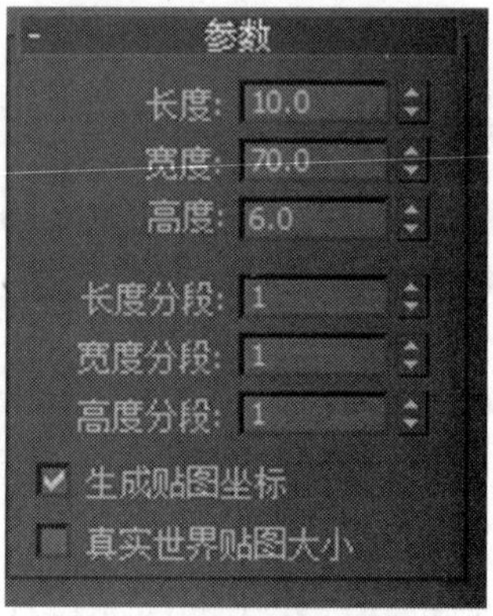

图 4-34　修改石方一侧参数

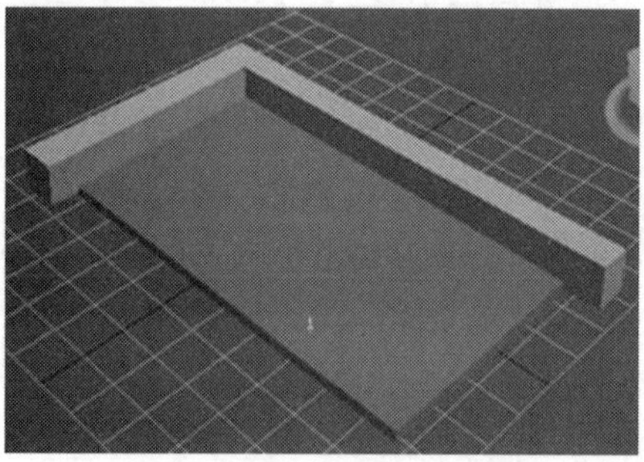

图 4-35　创建石方另一侧

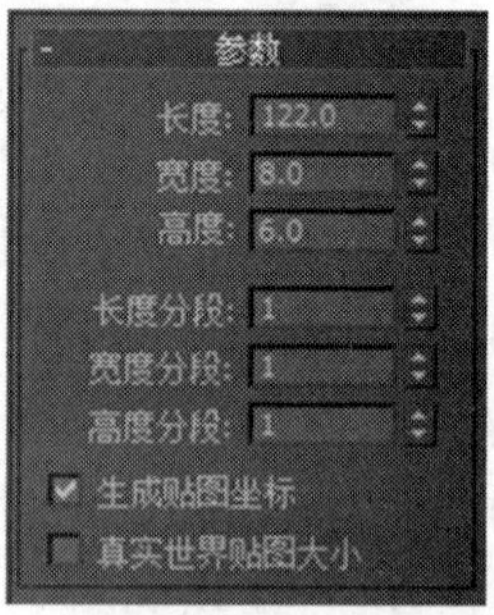

图 4-36　修改石方另一侧参数

(9)选中制作完成的石方一侧,在透视图中按住〈Shift〉键沿 Z 轴移动对象,弹出“克隆”选项对话框,在“对象”选项中点选复制项,单击“确定”按钮,完成复制,如图 4-38 所示。

(10)用同样的方法复制出石方另外一侧模型,如图 4-39 所示。

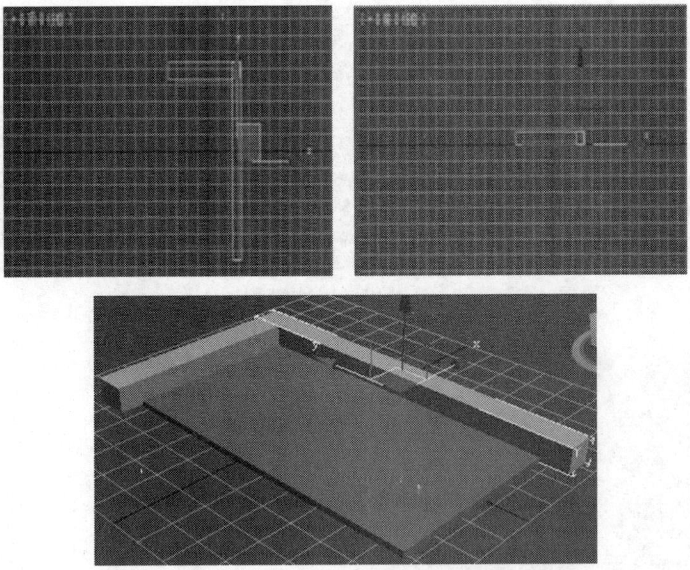

图 4-37　草坪和石方在几个视图中的位置

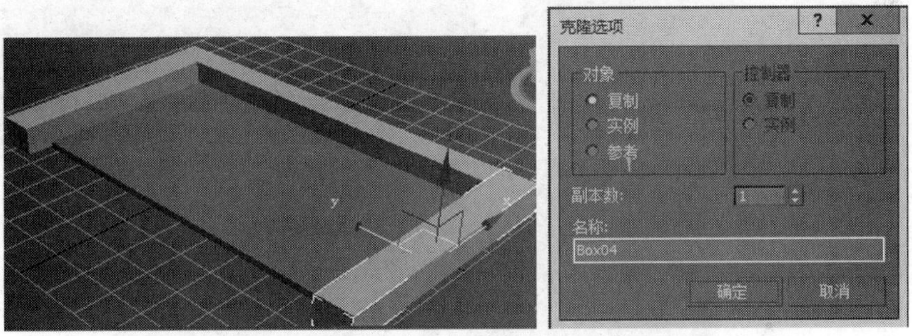

图 4-38　复制石方

图 4-39　绿化带石方模型

(11)制作绿色植物。点击创建按钮,点击切换至“AEC 扩展”面板,选择植物,在透视图中创建植物,如图 4-40 所示。

(12)用同样的方法制作出其他的植物模型。绿化带模型如图 4-41 所示。

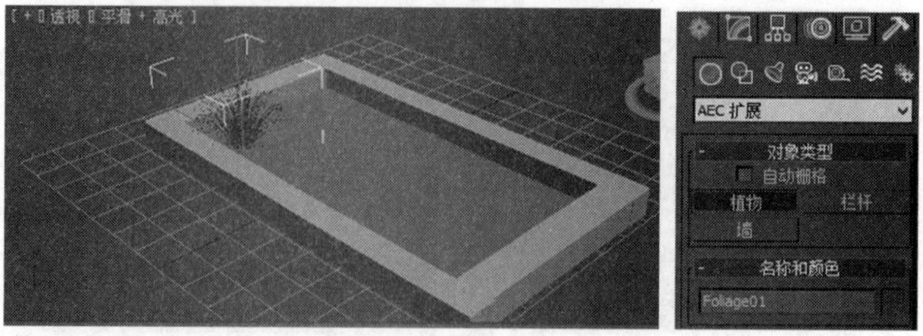

图 4-40　植物模型

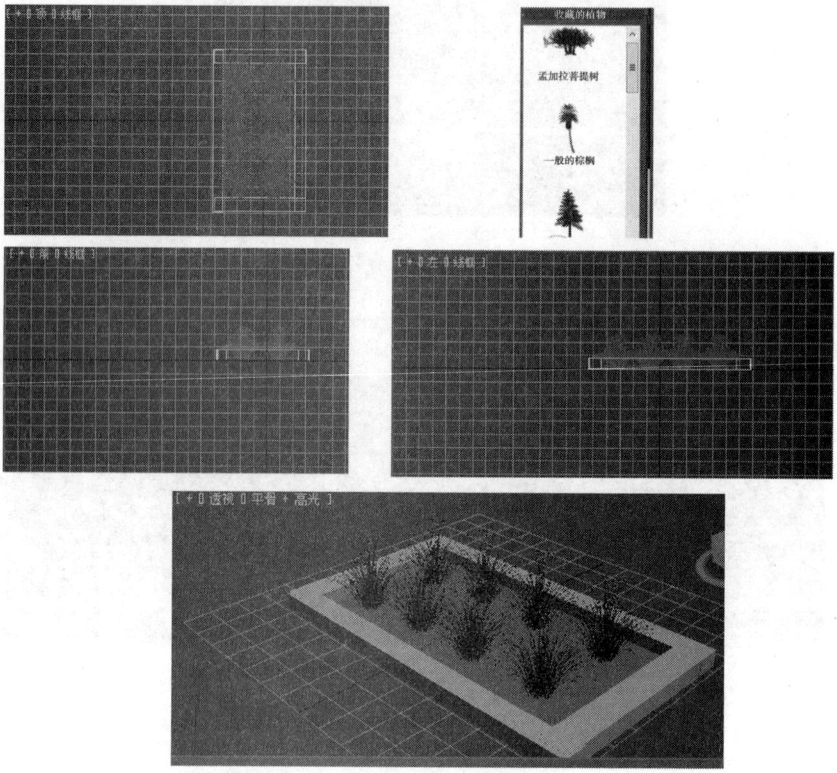

图 4-41　绿化带模型效果图

任务 2　等高线建立地形模型

【任务描述】

通过对基本二维图形的创建，运用标准基本体和复合对象来创建等高线地貌模型。

【任务流程】

熟悉和理解实训任务及要求→学习相关背景知识→完成等高线地貌模型的创建。

【任务实施】

（1）运行 3ds Max 软件。

（2）在菜单栏上，点击打开文件，导入“等高线 . dwg”，文件类型选择为“DWG”，如图 4-42 所示。

(a)　　(b)

图 4-42　打开“等高线 . dwg”

(3)将各等高线移到相应的高度。点击，在卷展栏中出现 可编辑样条线 ，展开，点击样条线，选中其中一条等高线，如图 4-43 所示。

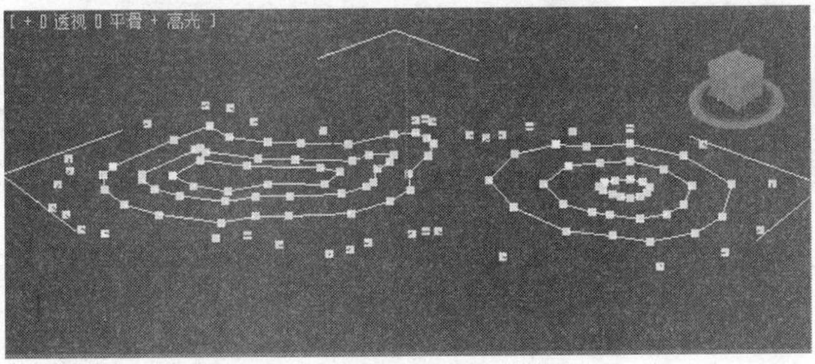

图 4-43　选中其中的一条等高线

(4)选中上面的等高线，右击，出现移动变换输入窗口，输入 Z 为“20”，这根等高线便被移到一个新的高度，如图 4-44 所示。

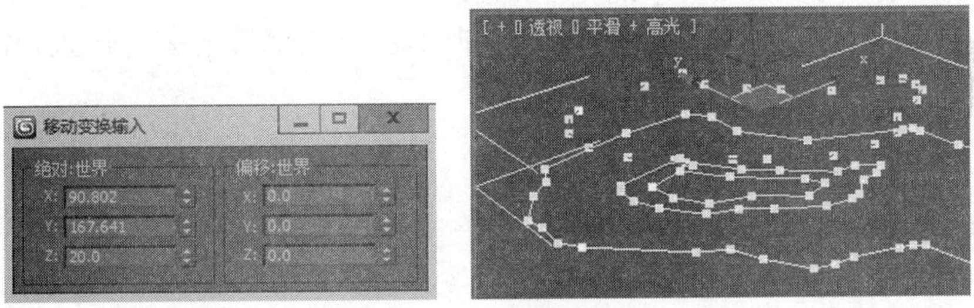

(a)　　(b)

图 4-44　移动其中的一条等高线

(5)按照上面的步骤，依次输入不同的 Z 坐标值，把各条等高线移动到相应的高度，顶图和透视图如图 4-45 所示。

(6)选择最下面的一条等高线，点击创建按钮，点击切换至“几何体”面板，在下拉列表框中选择“复合对象”，然后单击地形按钮，依次拾取各条等高线，即可创建出地形，如图 4-46 所示。

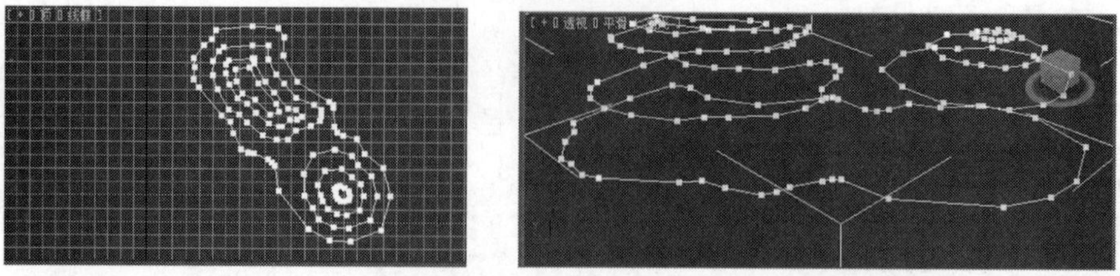

(a)　　(b)

图 4-45　移动各条等高线

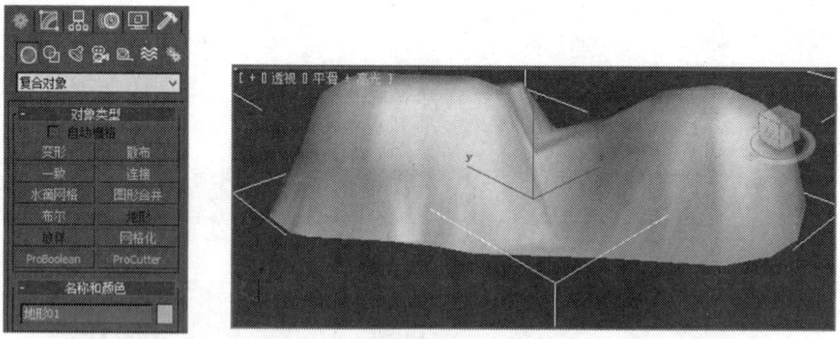

(a)　　(b)

图 4-46　地貌模型效果图

4.4　项目总结

本项目主要介绍了标准基本体的创建、AEC 扩展的创建、修改器的使用以及复合建模的相关知识,并结合相关的实例来说明。二维建模是 3ds Max 建模中更具技巧性的建模方式,通过该项目的学习,能熟练掌握 3ds Max 的基本功能,为后面的多边形建模作铺垫。

4.5　课后作业

1. 总结在 3ds Max 和 AutoCAD 中对于二维线段的处理有何异同。
2. 自行设计、创建一个鞍部的三维模型。

项目 5　居民地及设施建模

5.1　项目描述

3ds Max 提供了 3 种建模方式,即三维建模、二维建模和高级建模(在软件中对应为多边形、面片和 NUBRS 建模等 3 种方式)。其中,多边形建模是最直接且最初级的建模方式,这种建模方式比较简单,而且容易操作。本项目主要以建筑物为主体对三维建模技术进行集中讨论。本项目主要介绍利用创建二维图形、修改器列表和可编辑多边形进行模型的创建和修改,具体包括以下两个任务:

任务 1　建立写字楼模型。

任务 2　建立居民楼模型。

【学习目标】

了解并掌握三维建模技术的流程及操作。

【学习重点】

使用标准基本体和扩展基本体创建三维模型,修改器的使用。

【学习难点】

通过修改器的使用,利用标准基本体和扩展基本体创建三维模型。

5.2　背景知识

5.2.1　创建二维图形

“矩形”可以创建出有精确长、宽数值的方形和圆角方形,下面创建一个长 100、宽 200、圆角半径为 10 的圆角矩形。

(1)在图形创建面板中选择“矩形”按钮,在前视图中拖出一个矩形,如图 5-1 所示。

(2)在参数卷展栏中输入〔长度〕为“100”、〔宽度〕为“200”、〔角半径〕为“10”,如图 5-2 所示,得到圆角矩形如图 5-3 所示。角半径数值越大,得到的矩形的圆角化程度越大。

5.2.2　挤出命令

挤出命令可以将二维图形转变为三维模型,在本项目的实例中都会使用这个命令。选中二维图形,如图 5-4 所示,进入“修改”命令面板,在“修改器列表”中选择“挤出”命令,其“参数”卷展栏如图 5-5 所示。其中部分参数的作用如下:

“数量”:设置挤出的数值。

“分段”:设置在挤出方向上的分段数。在做弯曲操作时效果比较明显,数值越大越光滑。

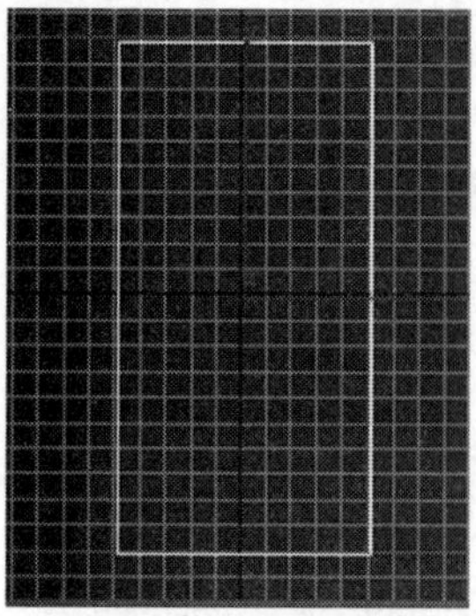

图 5-1　创建矩形

图 5-2　矩形参数

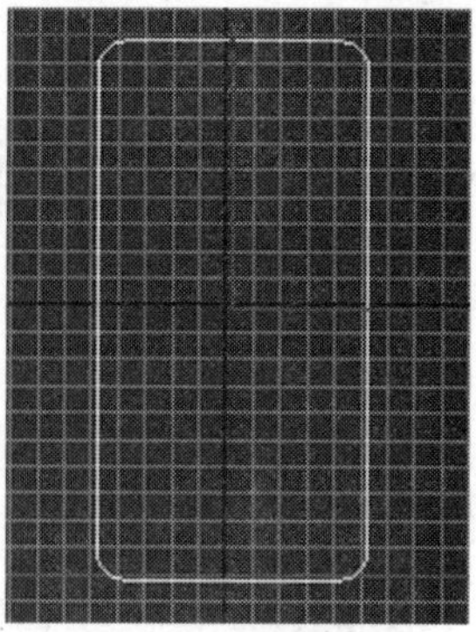

图 5-3　圆角矩形

“封口”:控制始端和末端是否封闭,默认状态为勾选。

使用“挤出”命令制作模型的基本思路如图 5-4~图 5-6 所示。

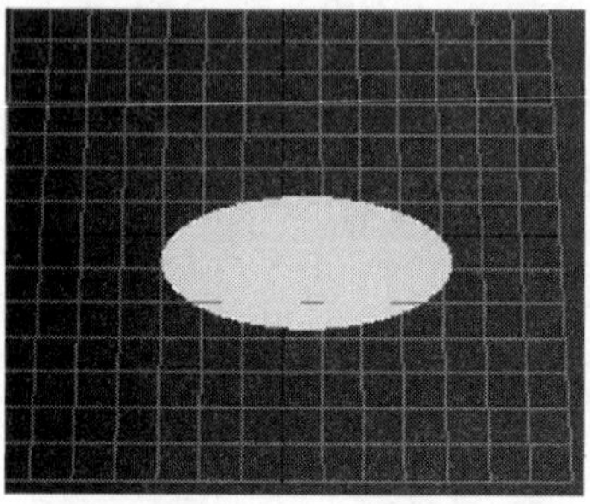

图 5-4　创建椭圆

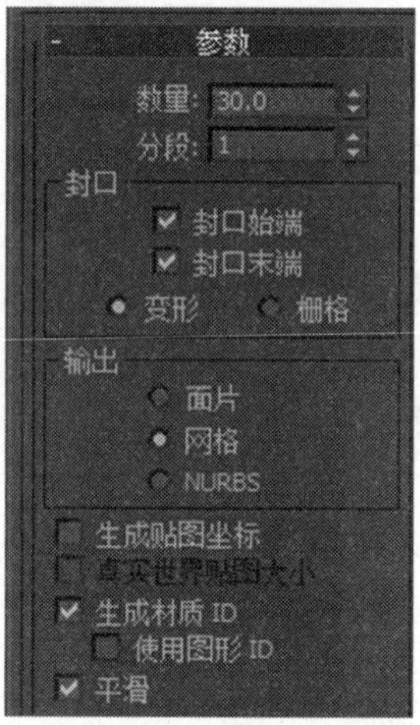

图 5-5　“挤出”命令的参数

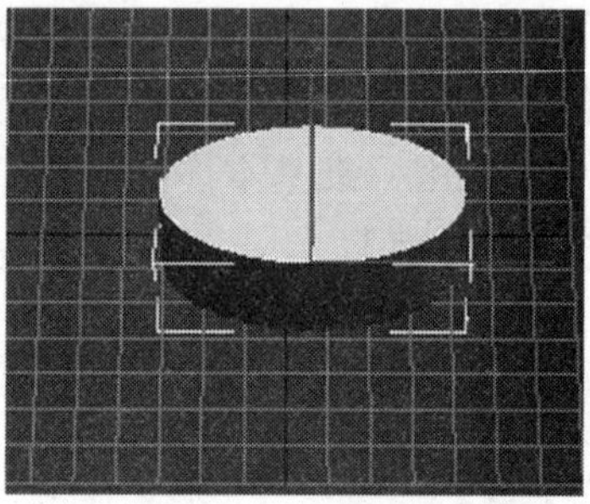

图 5-6　挤出后的椭圆体

5. 2. 3　可编辑多边形命令

可编辑多边形既可以是三角网格模型,也可以是四边网格模型,或者是更多的边。选择物体后在任意视图中右击,在弹出的快捷菜单中选择“转化为可编辑多边形”命令,即可进入“可编辑多边形”修改器,此修改器有 6 个卷展栏,本节最常用的为选择修改器,如图 5-7 所示,其中主要的参数如下:

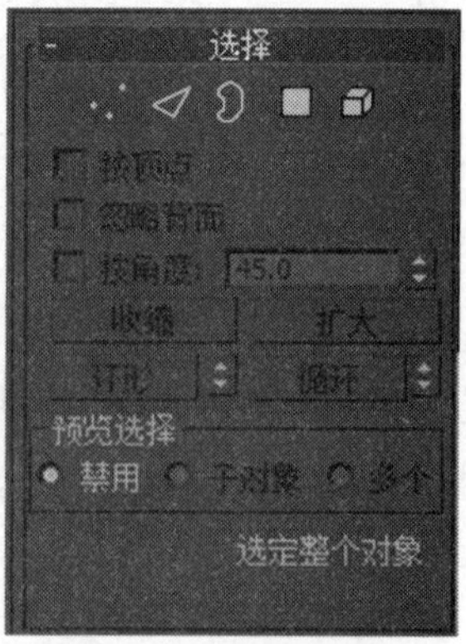

图 5-7　选择卷展栏参数

“顶点”:启用“顶点”子对象层级可以选择光标下的顶点。

“边”:启用“边”子对象层级可以选择光标下的面或者多边形的边。

“边界”:用于选择开放的边。在这个物体级别下,非边界的边不能被选择。单击“边界”上的任意边时,整个边界都会被选择。

“多边形”:启用“多边形”子对象层级可以选择光标下的所

有共面的面。

“实体”:启用“实体”子对象层级可选择一个独立的实体单元。

5.3　项目实施

任务 1　建立写字楼模型

【任务描述】

通过对软件基本功能的学习,熟悉多边形建模的基本步骤,并能够运用多边形建模来创建写字楼模型。

【任务流程】

熟悉实训任务及要求→学习相关背景知识→建立初模→制作写字楼大门→建立写字楼侧面→创建侧门→制作楼顶→完成写字楼模型的创建。

【任务实施】

1. 建立初模

(1)运行 3ds Max 软件。

(2)调整视口布局。使用快捷键<Alt>+<W>将透视窗口最大化显示,调整 3D 导航控件,调整上视口为当前视口。

(3)创建二维矩形。

单击“创建”面板中的“矩形”按钮,在顶视图中创建矩形;切换到“修改”面板,在“参数”卷展栏中设置〔宽度〕为“43”、〔长度〕为“50”、〔高〕为“0”。

(4)将矩形转换为可编辑样条线。

右击矩形→“转化为可编辑样条线”,即可进入“可编辑样条线”修改器,如图 5-8 所示。

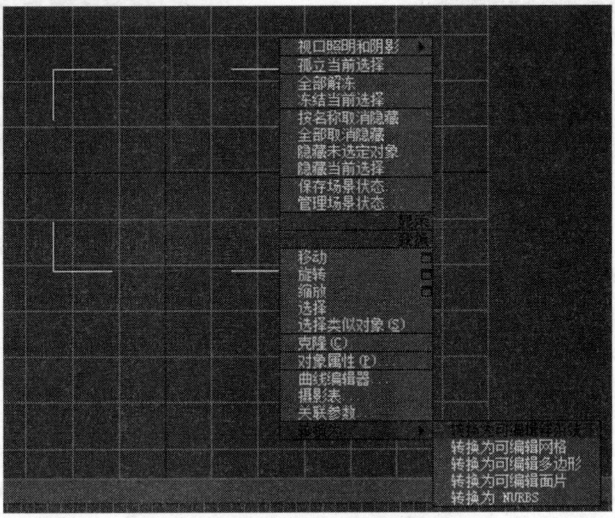

图 5-8　矩形转化为可编辑样条线

(5)矩形一角圆角化。

通过“可编辑样条线”→“点”,选中矩形左上角顶点,设置“几何体”卷展栏中的〔圆角〕

为“19”,圆角化后的矩形如图 5-9 所示。

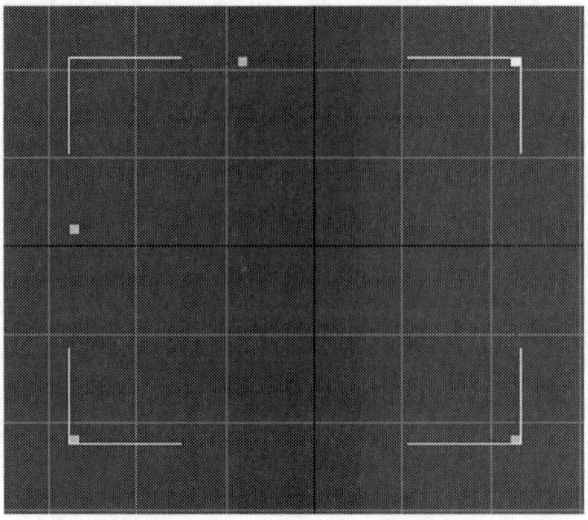

图 5-9 圆角化矩形

(6)挤出圆角矩形。

“可编辑样条线”→“样条线”,选中所有的样条线,在“修改器列表”中选择“挤出”命令,设置参数〔数量〕为“57”,〔分段〕为“1”,〔封口〕始端不勾选,末端勾选,设置参数如图 5-10 所示,挤出后效果图如图 5-11 所示。

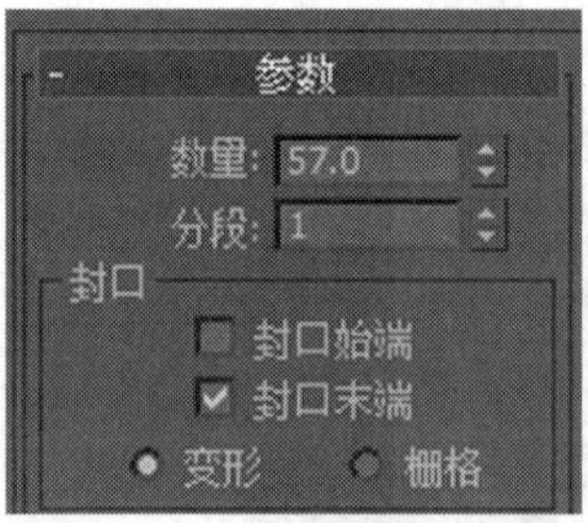

图 5-10 设置挤出参数

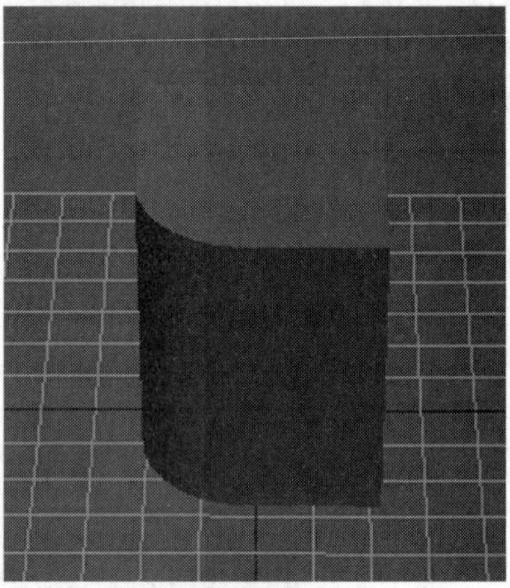

图 5-11 挤出后效果图

2. 制作写字楼大门

(1)挤出圆角弧段多边形。

将实体转化为可编辑多边形。使用快捷键<F4>,将实体与线框全部显示,选中实体右击→“转化为可编辑多边形”命令,进入“可编辑多边形”修改器。

进入“多边形选择”模式,按下<Ctrl>键,依次选中圆角弧段处的多边形,如图 5-12 所示,单击“挤出”按钮,设置参数如图 5-13 所示,挤出后的效果图如图 5-14 所示。

(2)删除上、下两个底面。框选选择全部多边形,按下<Shift>键,减选中间的多边形,选中实体的上、下两面如图 5-15 所示,按<Delete>键将选中的面删除,如图 5-16 所示。

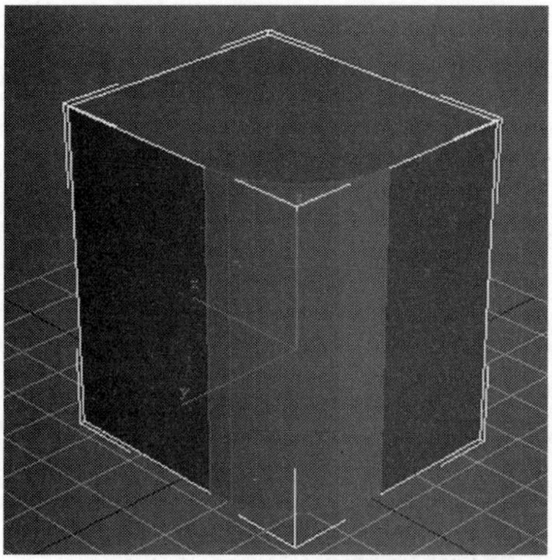

图 5-12　选中多个多边形

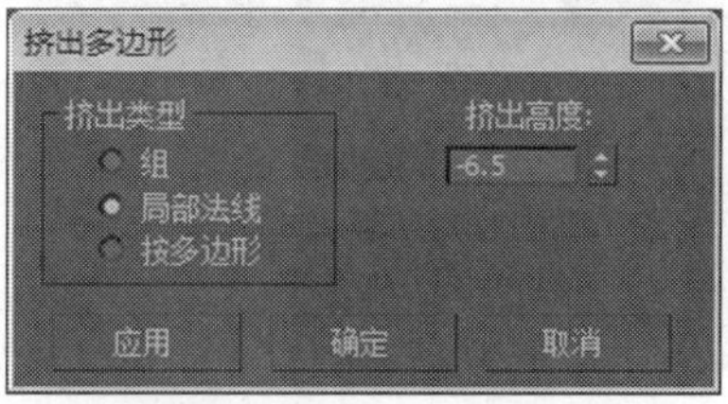

图 5-13　设置挤出参数

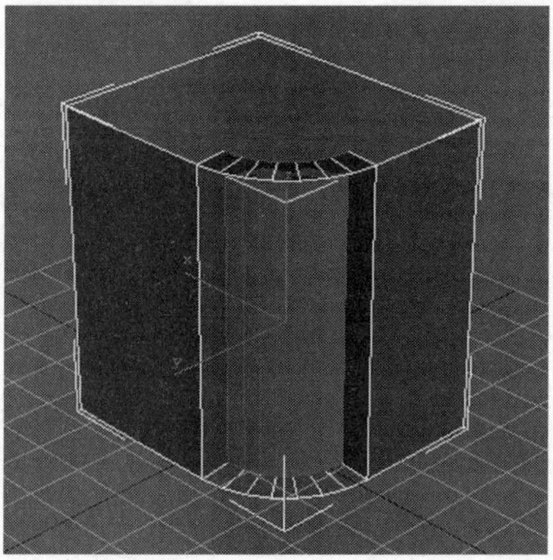

图 5-14　挤出后效果图

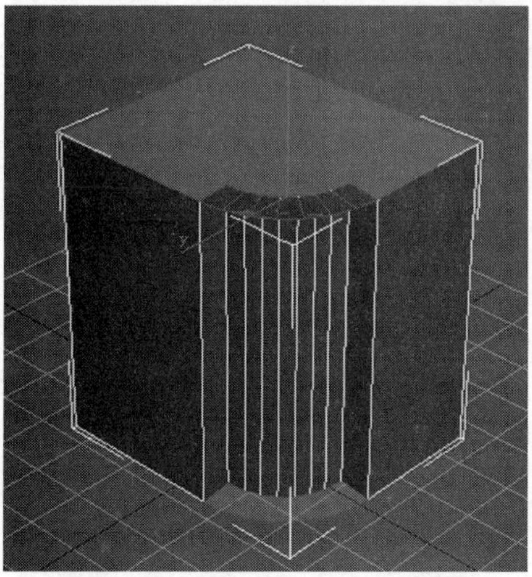

图 5-15　选中实体的上、下两面

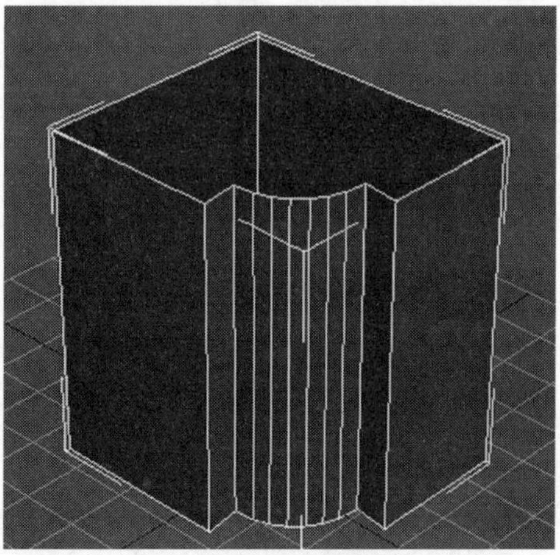

图 5-16　删除选中多边形

(3)连接底部边。按<F3>键,只显示模型的线条,按住<Shift>键拖曳所选线段,如图 5-17 所示,单击“连接”按钮,其参数设置如图 5-18 所示,连接后的效果图如图 5-19 所示。

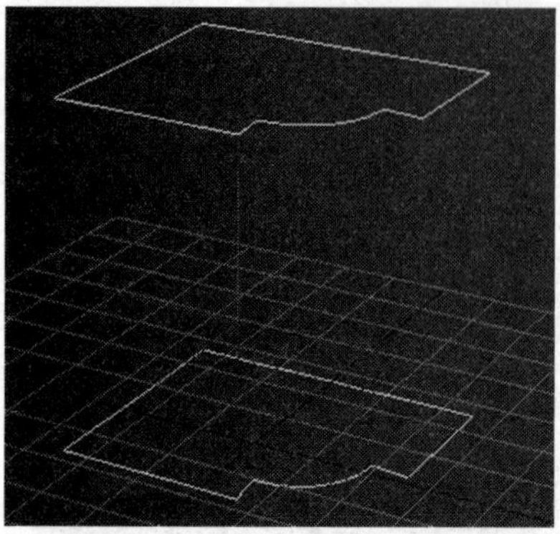

图 5-17　选中多条边线图

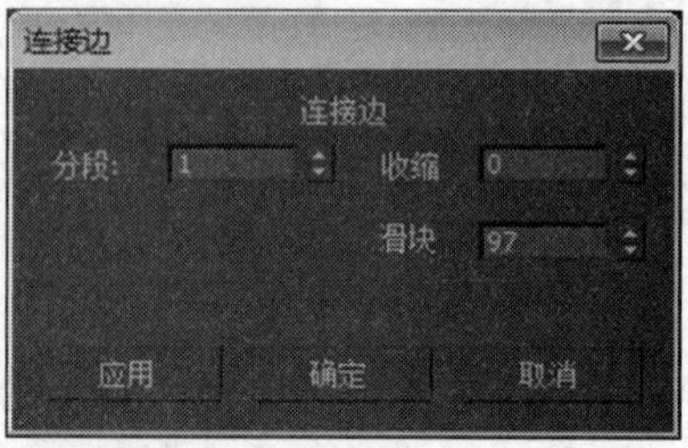

图 5-18　连接边参数设置

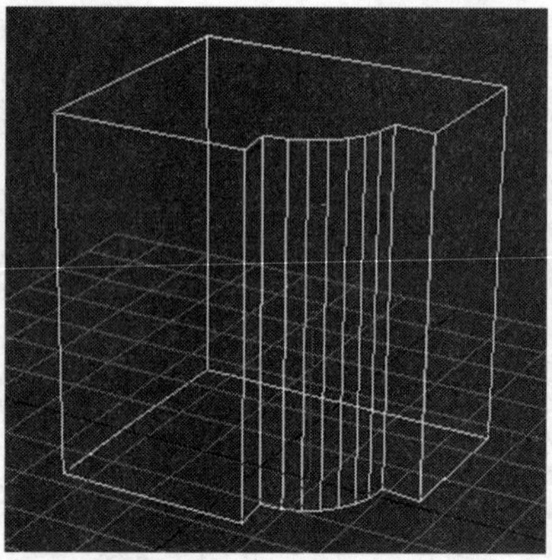

图 5-19　连接底部边

(4)挤出底部多边形。

进入“多边形选择”模式,按下鼠标左键框选整个实体,再按<Shift>键,减选上部的多边形,仅选中底部的连接多边形,如图 5-20 所示,再选择“挤出”按钮,其参数设置如图 5-21 所示,挤出后的效果图如图 5-22 所示。

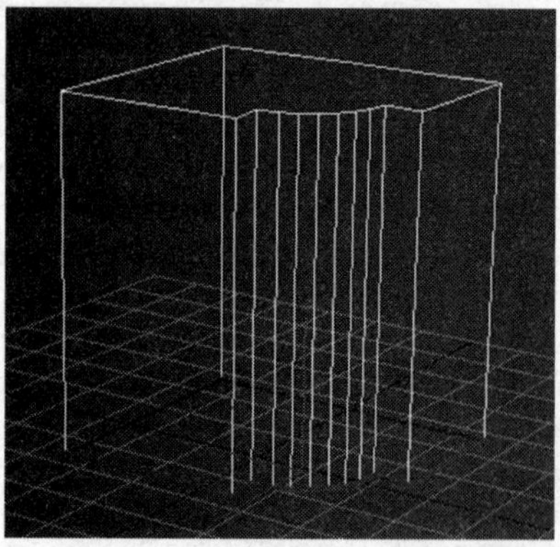

图 5-20　选中底部多边形

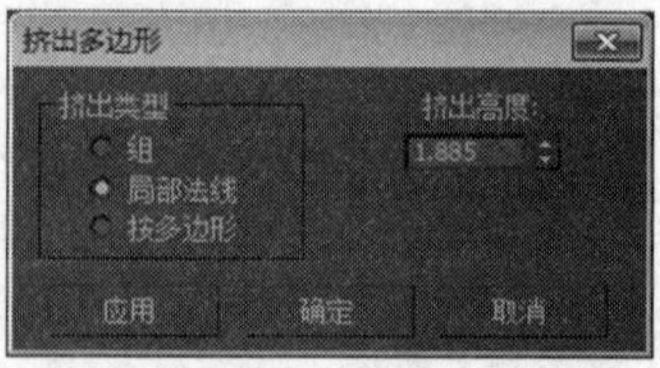

图 5-21　挤出参数设置

图 5-22　挤出后效果图

同上挤出圆角处的多边形，挤出参数设置和效果图分别如图 5-23、图 5-24 所示。

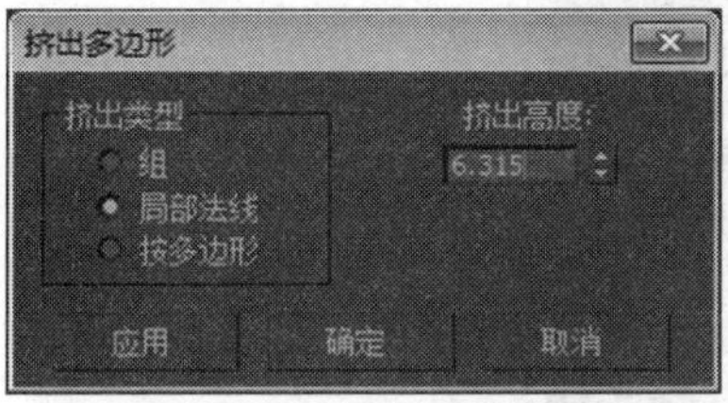

图 5-23　挤出参数设置

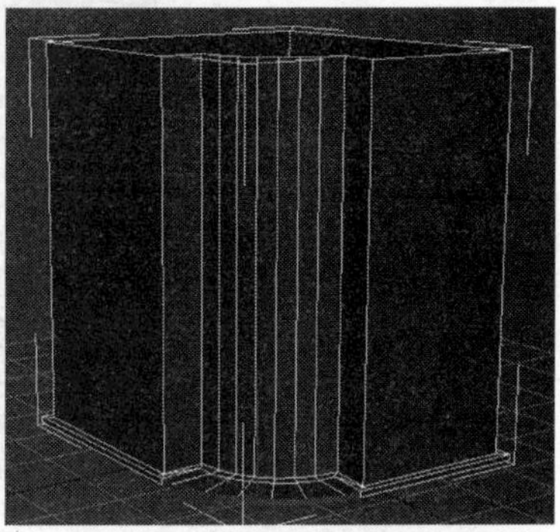

图 5-24　挤出后效果图

3. 建立写字楼侧面

(1)连接边。

进入“边选择”模式，按下<Ctrl>键，鼠标左键依次选中实体一侧面的上、下两条横向的边线，如图 5-25 所示，点击“连接”按钮，设置连接参数如图 5-26 所示，连接后的效果图如图 5-27 所示。同理，连接生成如图 5-28、图 5-29 所示的连接线。

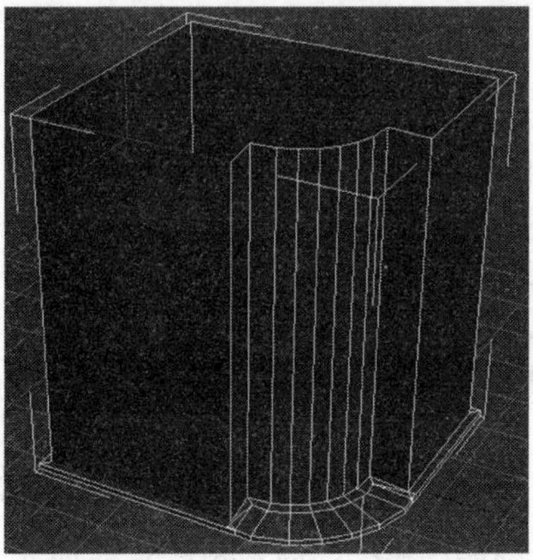

图 5-25　选中上、下两横向边线

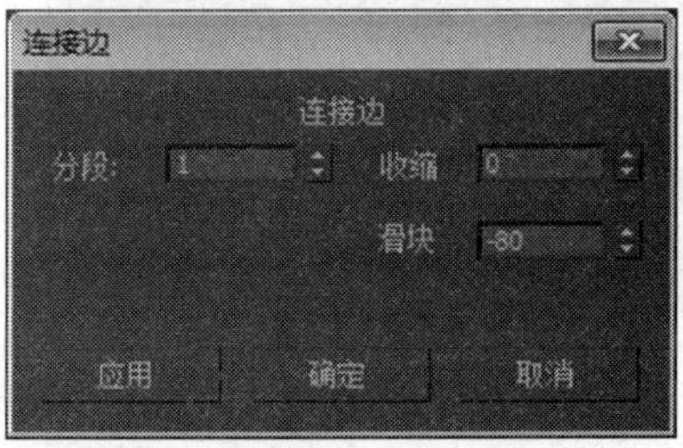

图 5-26　连接边参数设置

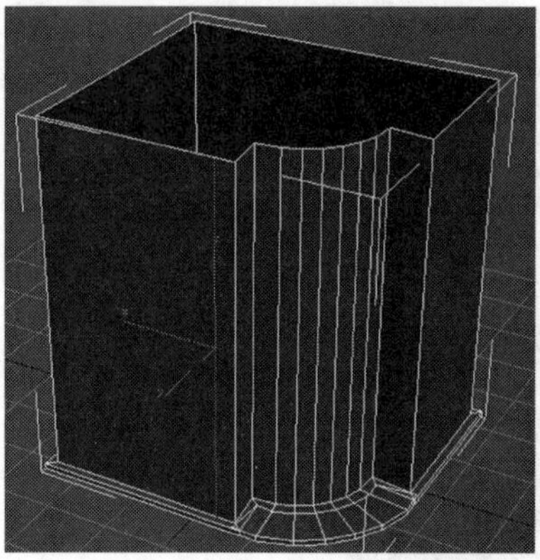

图 5-27 连接边后生成的线(一)

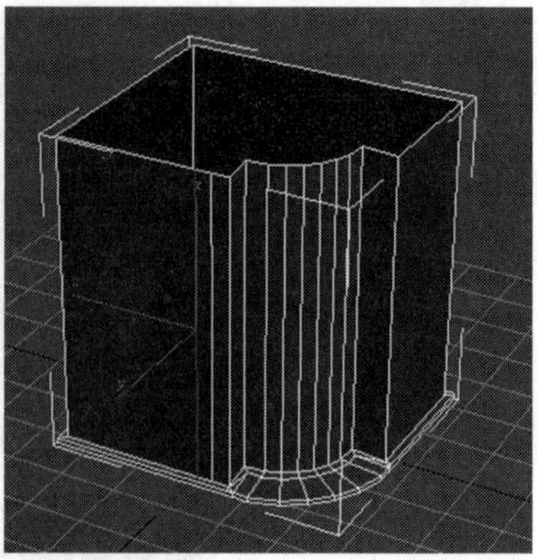

图 5-28 连接边后生成的线(二)

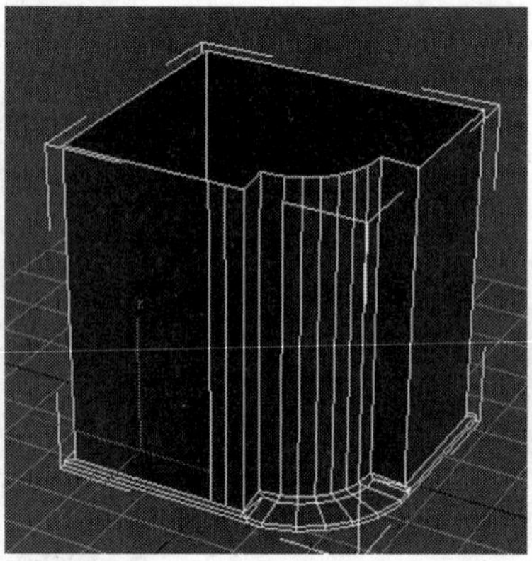

图 5-29 连接竖向边后生成的线

(2)挤出多边形。

进入“多边形选择”模式,选中模型中如图 5-30 所示的多边形,点击“挤出”按钮,设置其参数如图 5-31 所示,挤出后的效果图如图 5-32 所示。

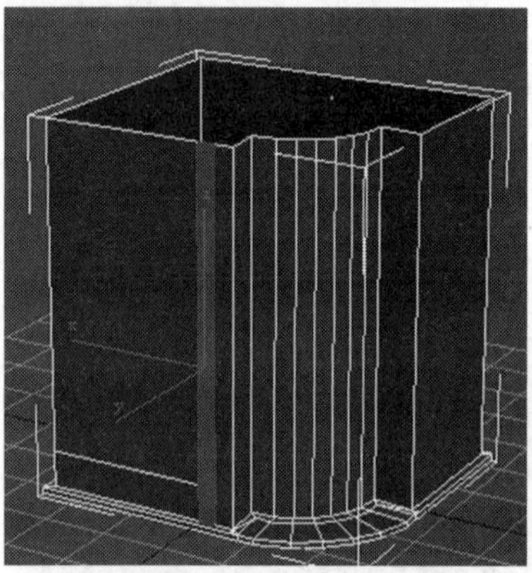

图 5-30 选中目标多边形

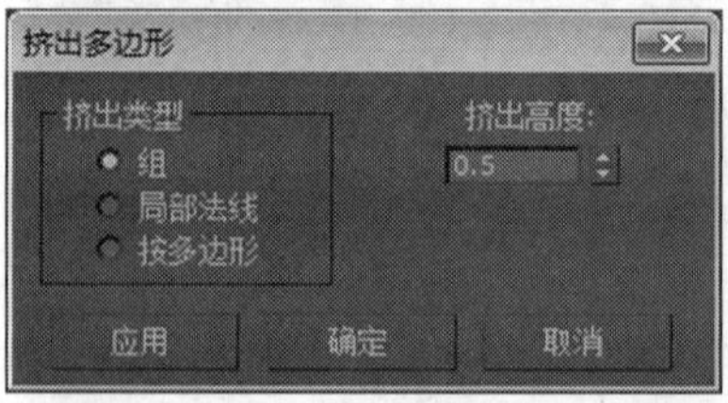

图 5-31 挤出多边形参数设置

继续使用“挤出”按钮,将图 5-33 中选中的多边形挤出,挤出参数如图 5-34 所示,挤出后的效果图如图 5-35 所示。

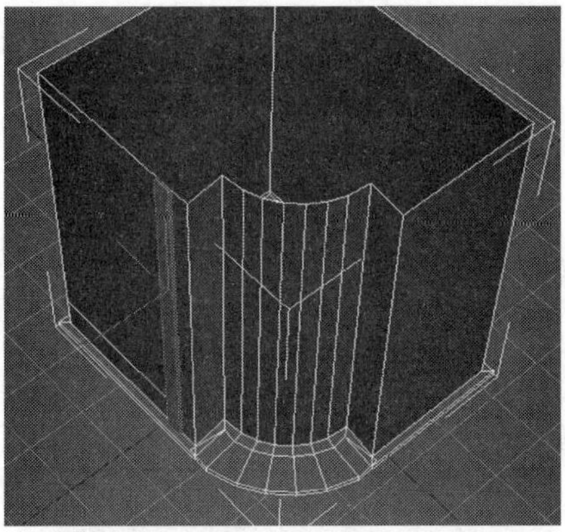

图 5-32　挤出后效果图

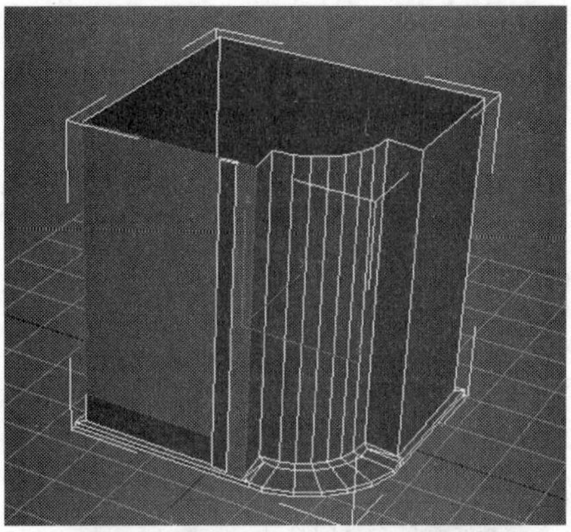

图 5-33　选中目标多边形

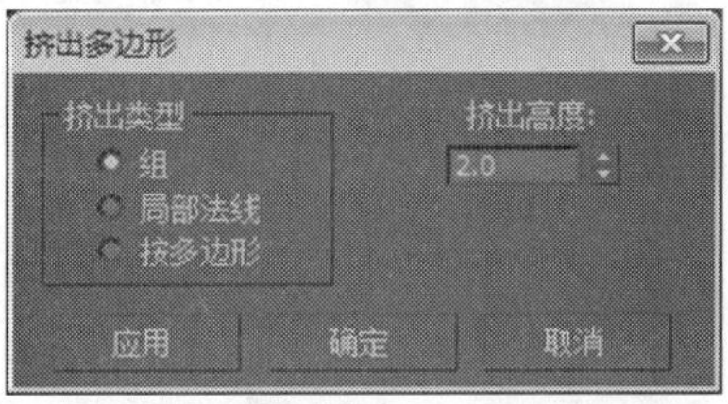

图 5-34　挤出多边形参数设置

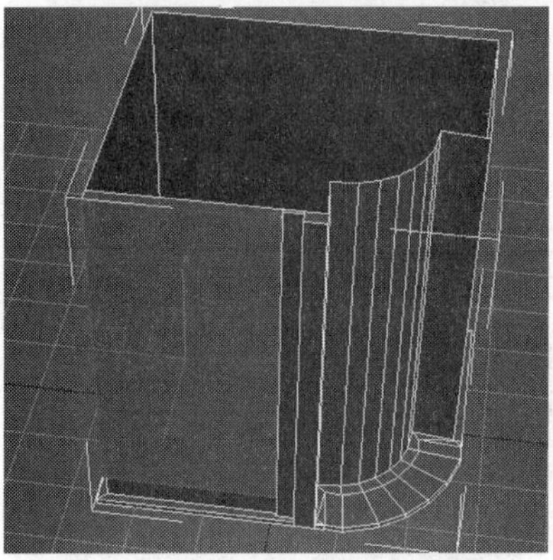

图 5-35　挤出后效果图

(3)写字楼正门的另一个侧面,同以上(1)(2)步骤进行连接边和挤出多边形,效果图如图 5-36、图 5-37 所示。

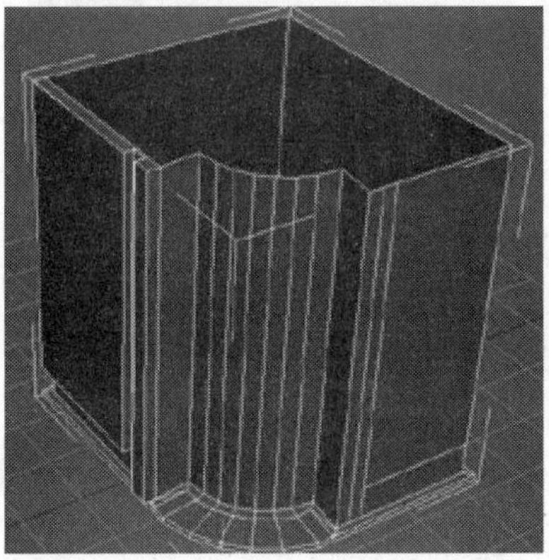

图 5-36　连接边效果图

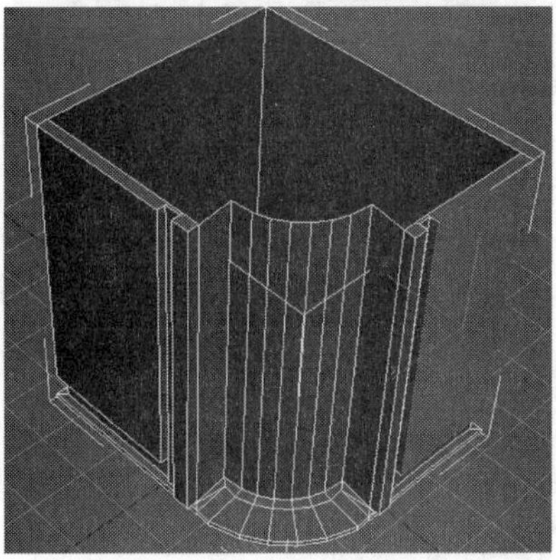

图 5-37　挤出后效果图

4. 创建侧门

(1)快速切片。

进入“多边形选择”模式,选中模型中如图 5-38 所示的多边形,点击“快速切片”按钮,通过视口左上角视口信息,设置当前视口为前视口,设置快速切片的位置如图 5-39 所示,修改视口为透视图。

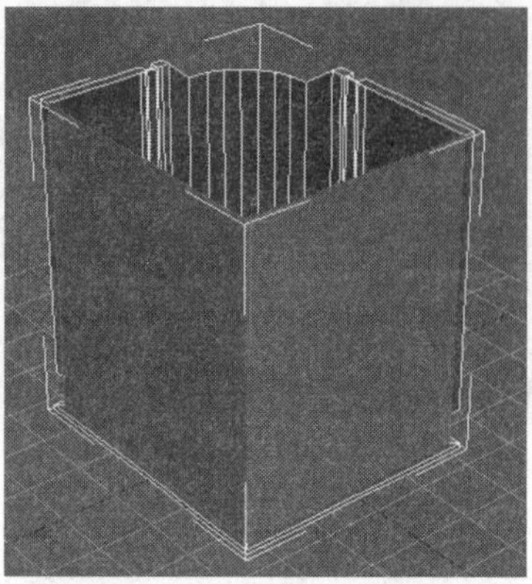

图 5-38 选中目标多边形

图 5-39 快速切片位置

(2)挤出多边形。

进入“多边形选择”模式,选中模型中如图 5-40 所示的多边形,点击“挤出”按钮,挤出参数如图 5-41 所示,挤出后的效果图如图 5-42 所示。

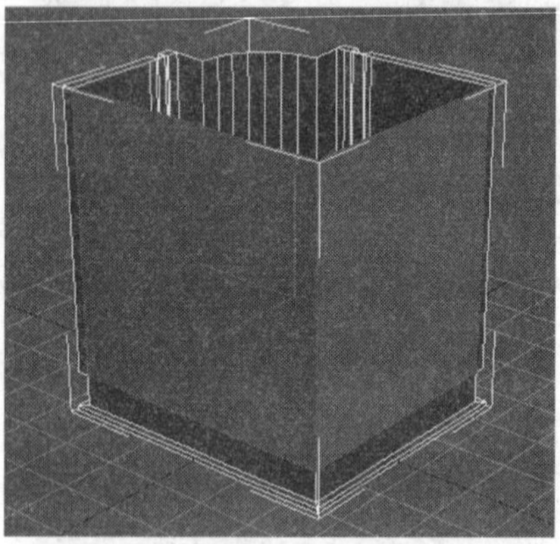

图 5-40 选中目标多边形

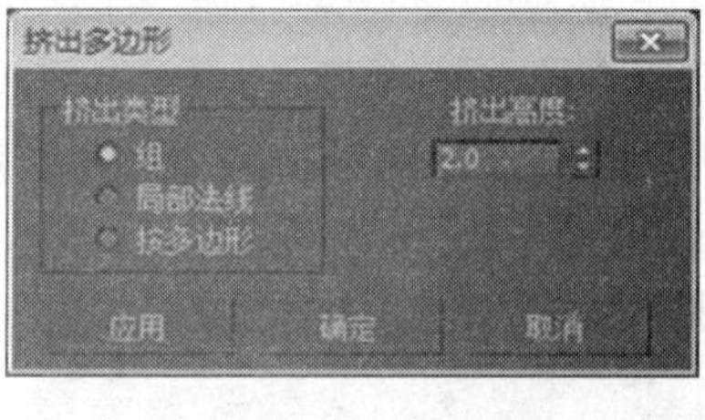

图 5-41 挤出多边形参数

(3)创建侧门。

连接边:按<F3>键,只显示线框。进入“边选择”模式,选择模型横向的线,如图 5-43 所示,使用“连接”按钮,增加线段如图 5-44 所示,连接参数如图 5-45 所示。

挤出多边形:进入“多边形选择”模式,选中模型中如图 5-46 所示的多边形,点击“挤出”按钮,设置参数如图 5-47 所示,挤出后的效果图如图 5-48 所示。相同地,选中如图 5-49 所示的多边形,挤出门顶,参数及效果图如图 5-50、图 5-51 所示。

制作门顶:进入“边选择”模式,选择模型门顶横向的线,如图 5-52 所示,使用“连接”按钮增加线段如图 5-53 所示,连接边参数如图 5-54 所示。

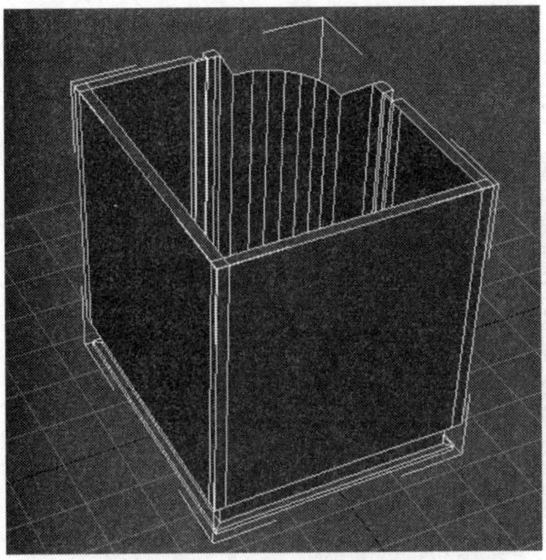

图 5-42　挤出后效果图

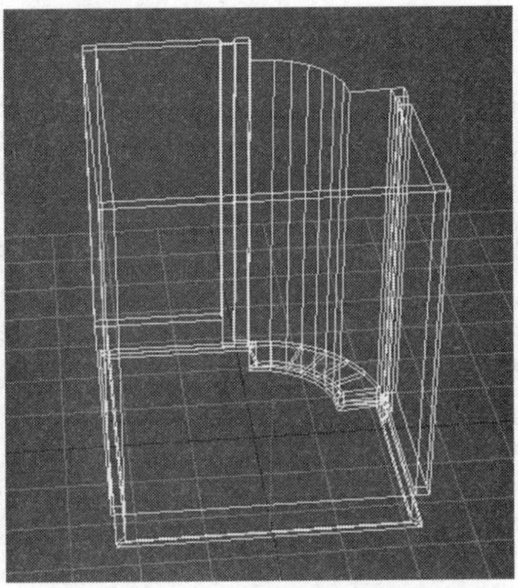

图 5-43　选中目标线

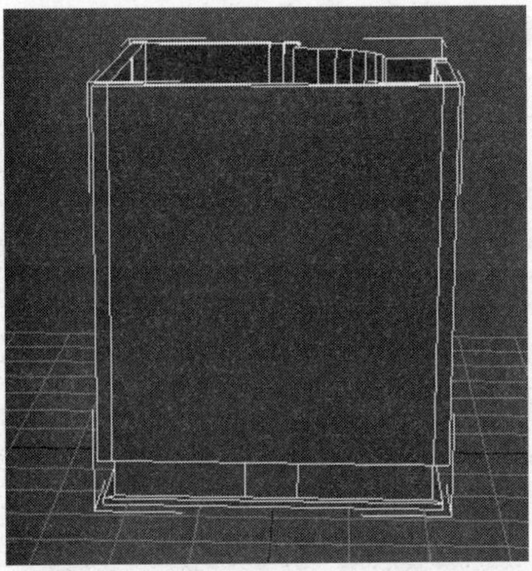

图 5-44　连接线示意图

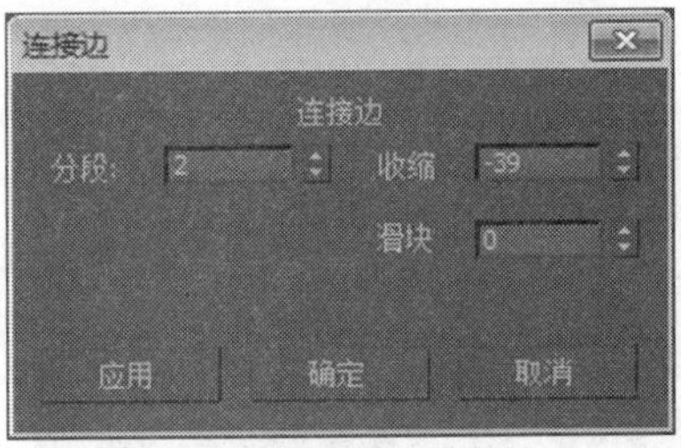

图 5-45　连接边参数设置

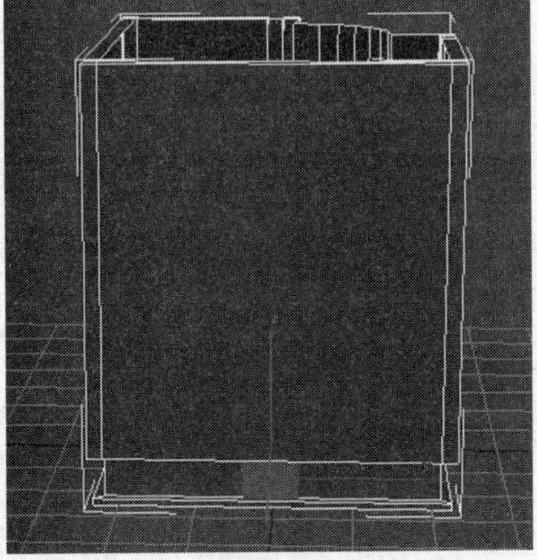

图 5-46　选中目标多边形

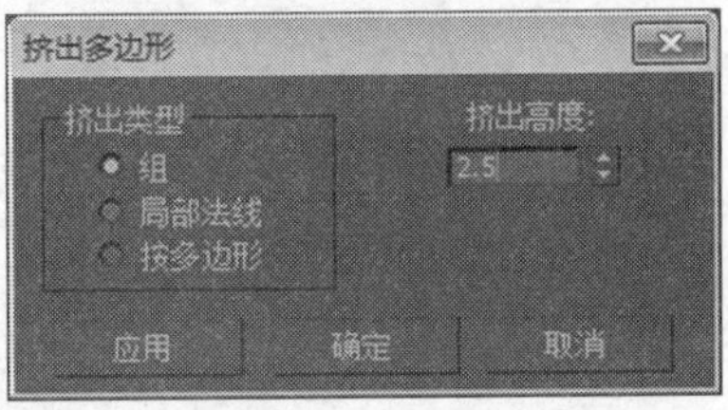

图 5-47　挤出多边形参数

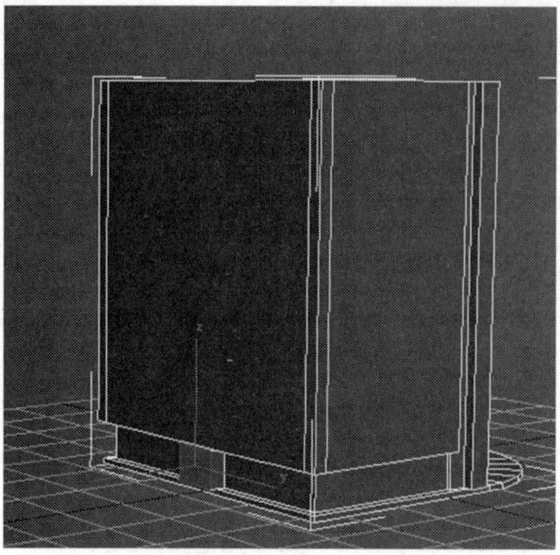

图 5-48　挤出后效果图

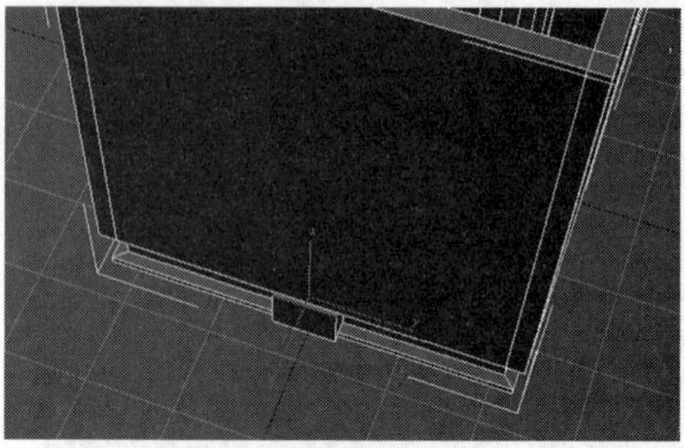

图 5-49　选中目标多边形

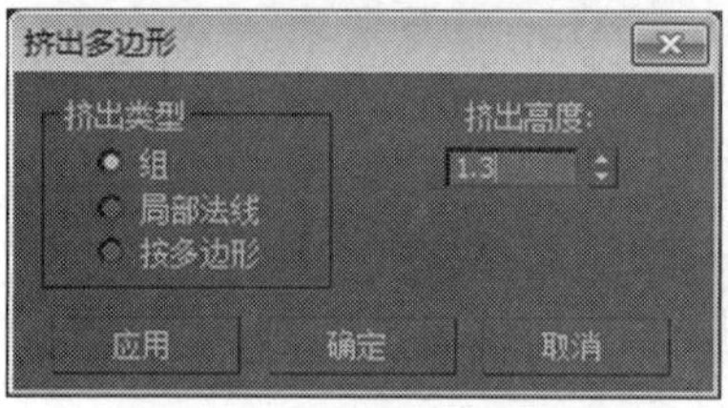

图 5-50　挤出多边形参数

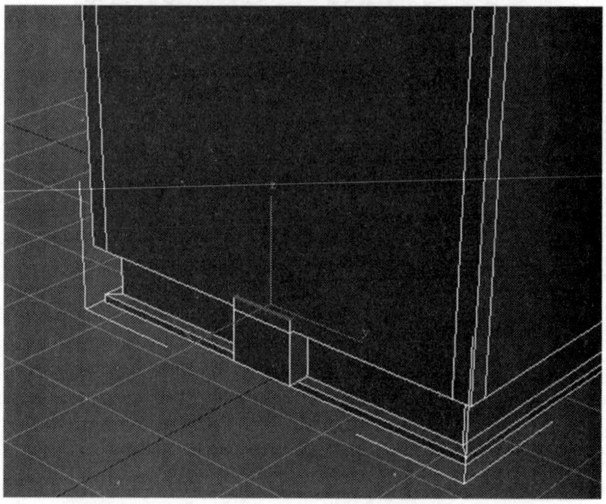

图 5-51　挤出后效果图

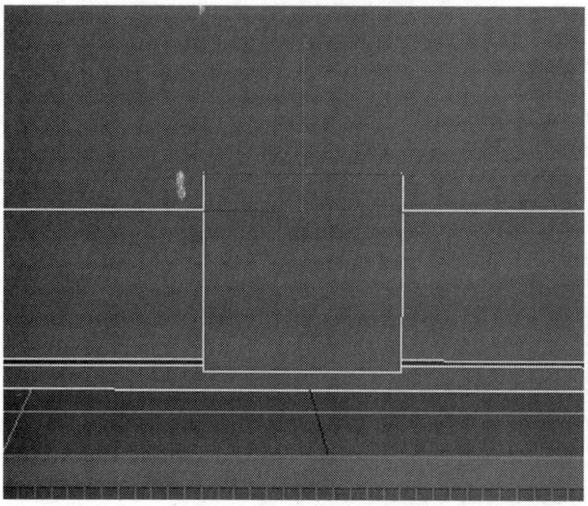

图 5-52　选中目标线

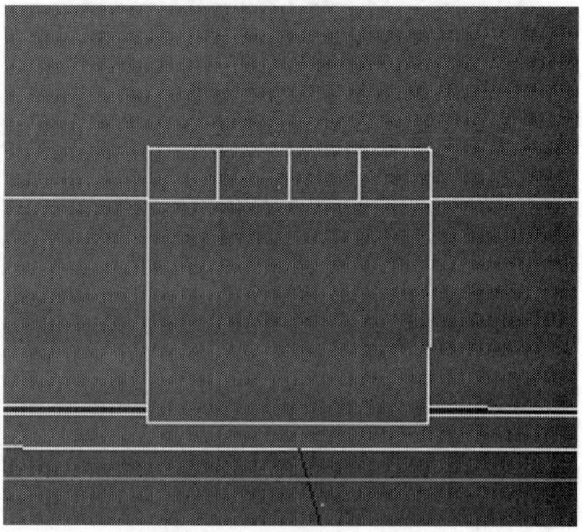

图 5-53　连接边效果图

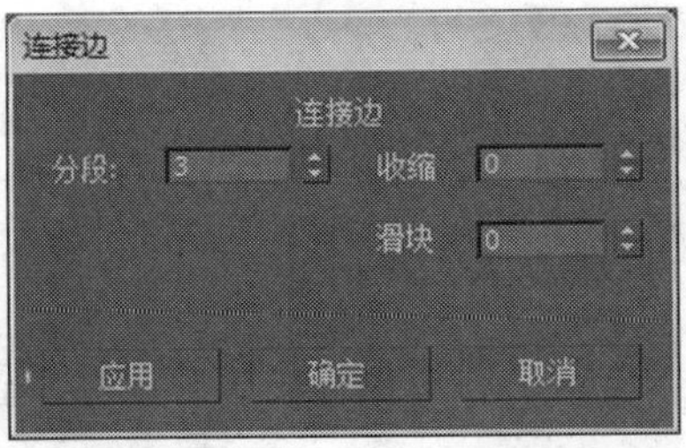

图 5-54　**连接边参数**

进入“边选择”模式,按<Ctrl>键,选中模型中的两条竖向的线,如图 5-55 所示,右击工具栏中的“选择并移动”按钮,沿着 *X* 轴正方向移动“0. 5”。同理移动中间竖线,沿着 *X* 轴正方向移动“1”,移动后的效果图如图 5-56 所示。

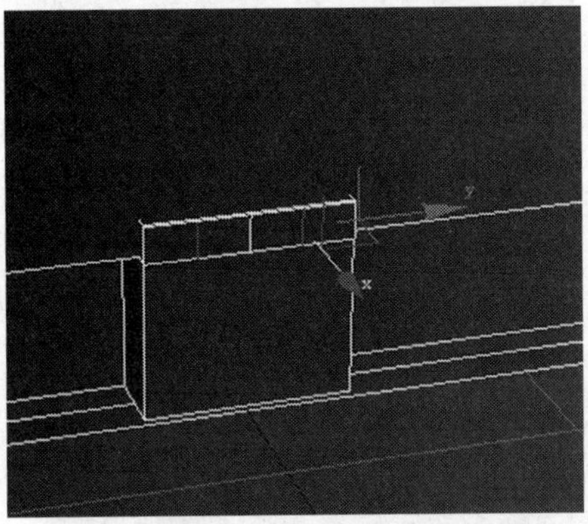

图 5-55　**选中目标线**

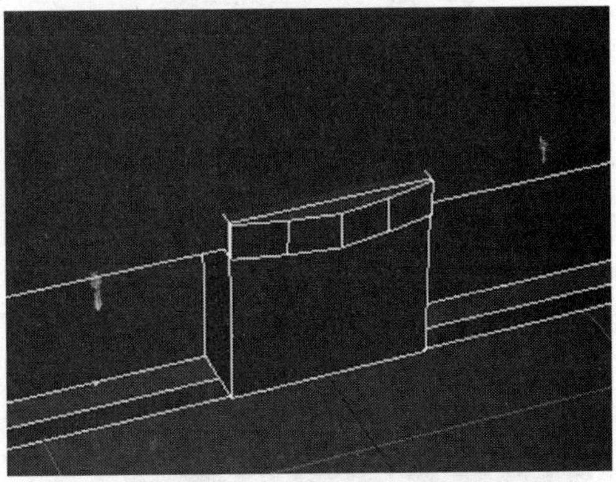

图 5-56　**移动目标线效果**

5. 制作楼顶

(1)删除顶部周边的多边形。

进入“多边形选择”模式,选中如图 5-57 所选多边形,按下<Delete>键删除。

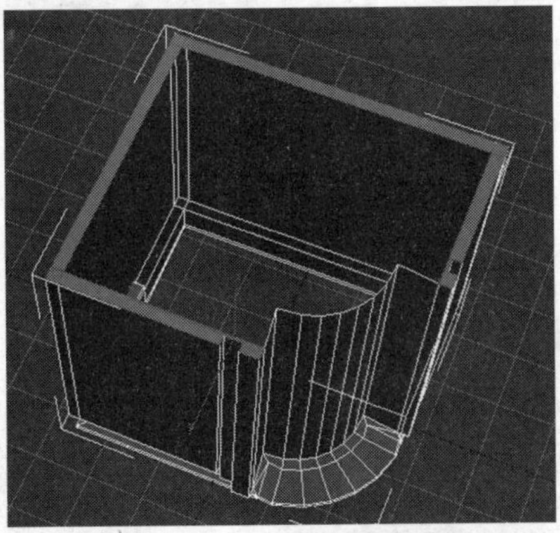

图 5-57　**选中目标多边形**

(2)封顶。

进入“边界选择”模式,选中如图 5-58 所选弧段,点击“封口”按钮,完成模型顶部封口,如图 5-59 所示。

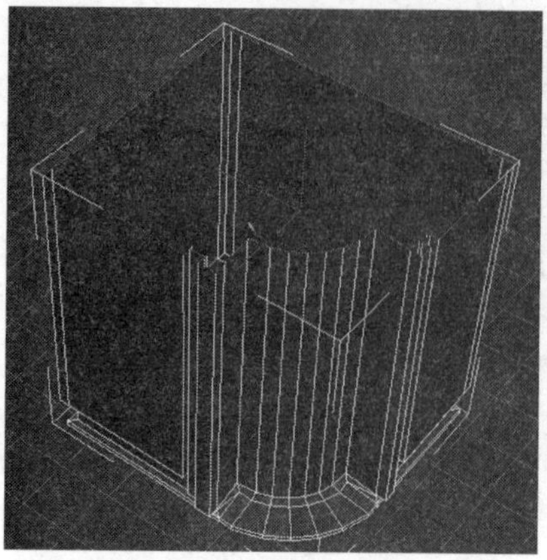

图 5-58　选中目标弧段

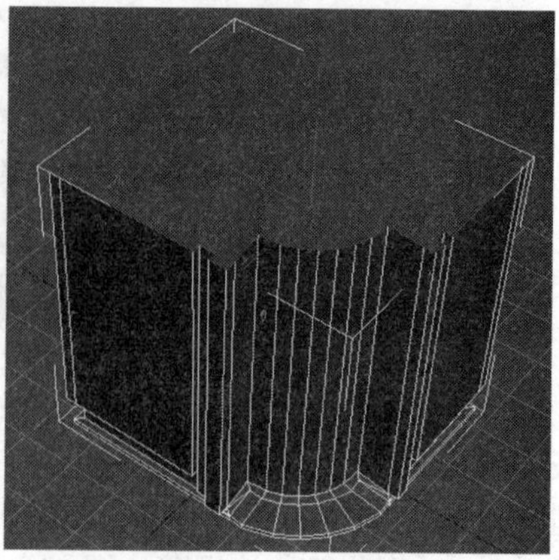

图 5-59　封口示意图

(3)插入多边形。

楼顶一般都不是平的,所以要插入一个凹进的多边形。进入“多边形选择”模式,选中顶部多边形,点击“插入”按钮,设置〔插入类型〕为“组”,〔插入量〕为“0. 24”。

(4)挤出顶楼多边形。

选中(3)步骤中插入的多边形,点击“挤出”按钮,设置挤出参数如图 5-60 所示,挤出后的效果图如图 5-61 所示。

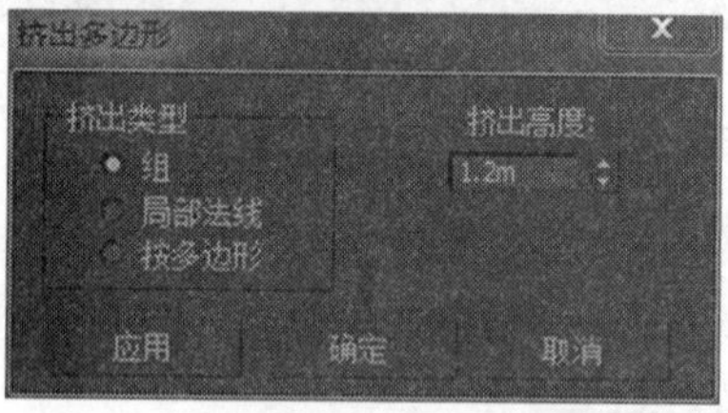

图 5-60　挤出多边形参数设置

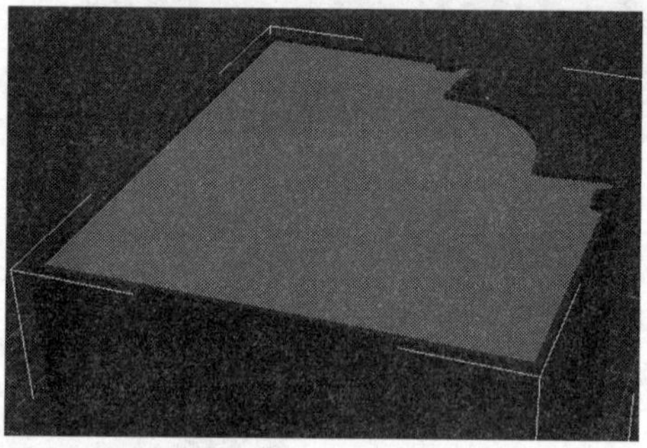

图 5-61　挤出后效果图

(5)挤出模型底部多边形。

进入“多边形选择”模式,选中模型底部多边形,如图 5-62 所示,使用“挤出”按钮,挤出参数如图 5-63 所示,挤出后的效果图如图 5-64 所示。

图 5-62　选中目标多边形

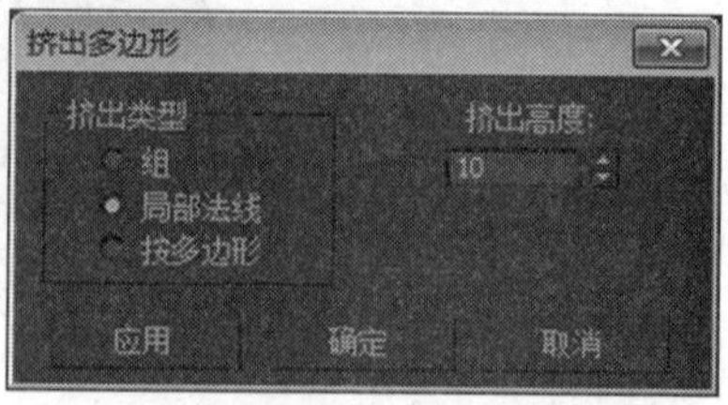

图 5-63　挤出多边形参数设置

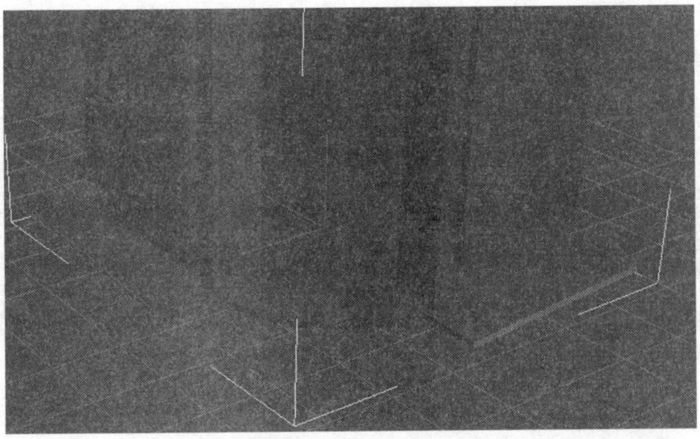

图 5-64　挤出多边形效果图

同理,挤出圆弧处的底部多边形,挤出参数和挤出后的效果图如图 5-65、图 5-66 所示。

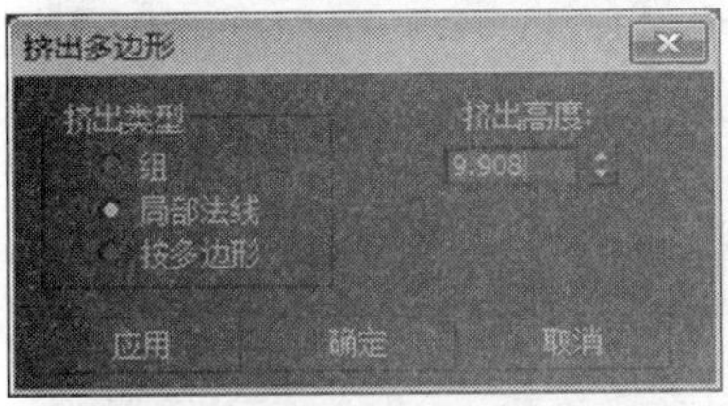

图 5-65　挤出底部多边形参数设置

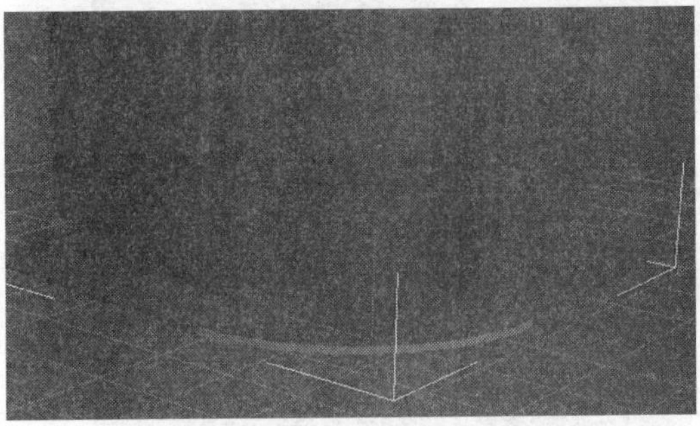

图 5-66　挤出底部多边形效果图

(6)创建正门。

连接线:进入“边选择”模式,选择模型圆弧处竖向的线,如图 5-67 所示,使用“连接”按钮增加线段如图 5-68 所示,连接边参数如图 5-69 所示。

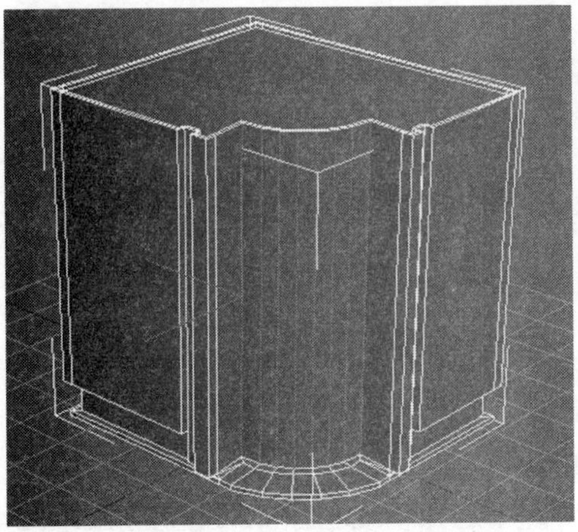

图 5-67　选中目标弧段

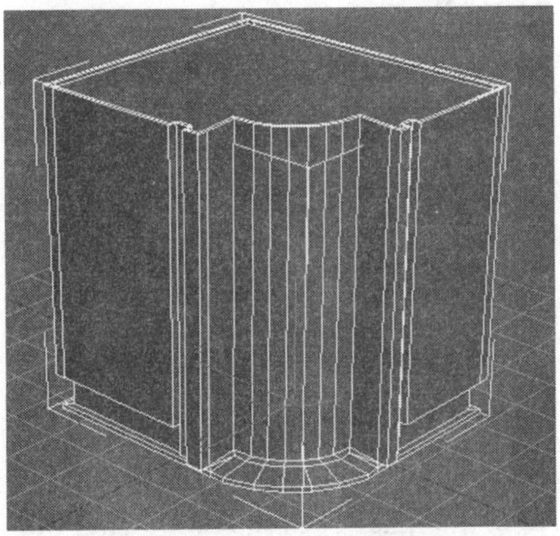

图 5-68　连接边效果图

挤出线:选中上一步中生成的线,点击“连接”按钮,设置其参数如图 5-70 所示,连接后的效果如图 5-71 所示。

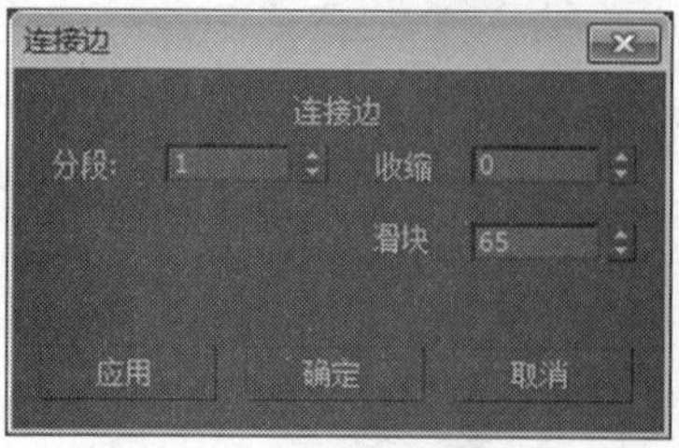

图 5-69　连接边参数设置

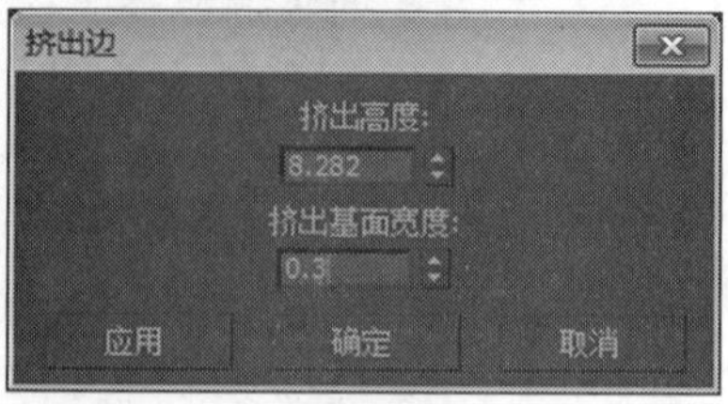

图 5-70　挤出边参数设置

(7)按<F4>键,只显示模型实体,写字楼整体模型制作完成。最终效果如图 5-72 所示。

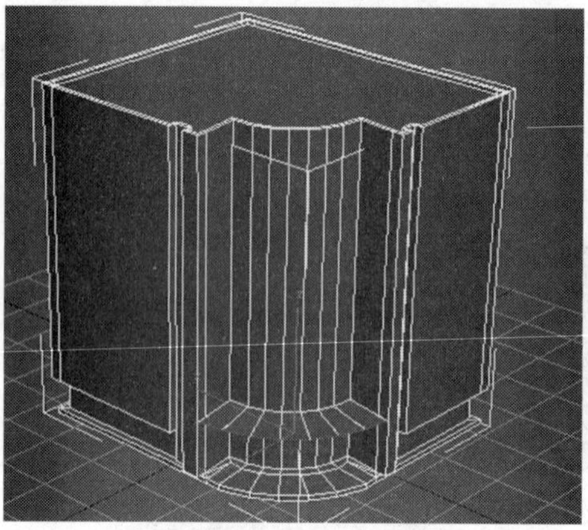

图 5-71　挤出边效果图

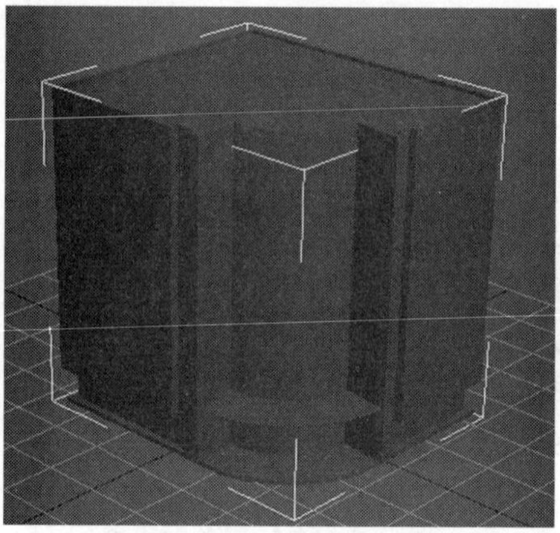

图 5-72　最终效果图

任务 2　建立居民楼模型

【任务描述】

通过对软件基本功能的学习,熟悉多边形建模的基本步骤,并能够运用多边形建模来创建居民楼模型。

【任务流程】

熟悉实训任务及要求→学习相关背景知识→建立初模→制作居民楼阳台→处理阳台底部→制作楼道→完成居民楼模型的创建。

【任务实施】

1. 导入基准文件,建立居民楼初模

(1)软件的属性设置。

单位设置:【自定义】→〖单位设置〗→『系统单位设置』,设置参数如图 5-73 所示。

驱动方式选择:【自定义】→〖首选项〗→[视口]→『选择驱动程序』,设置参数如图 5-74 所示。

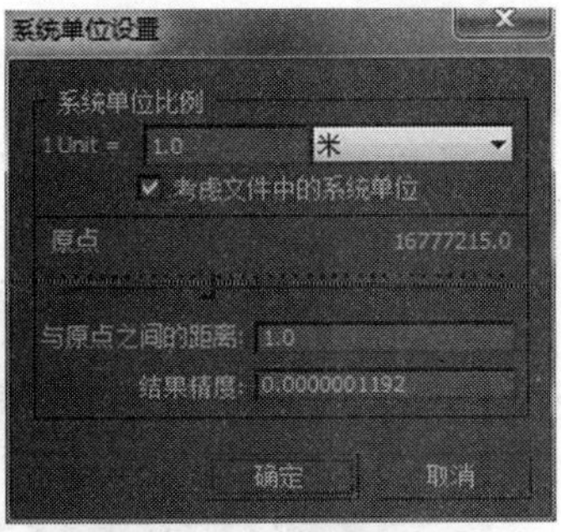

图 5-73　系统单位设置

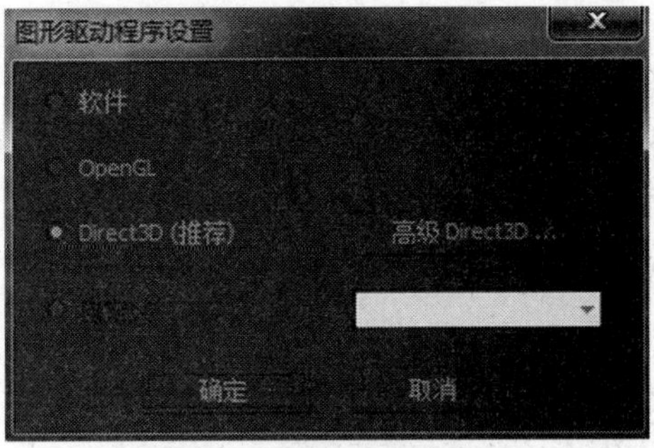

图 5-74　驱动程序设置

显示设置:【自定义】→〖首选项〗→[视口]→『配置驱动程序』,设置参数如图 5-75 所示。

(2)准备制作工作。

运行 3ds Max 软件,把资料中的地形基准导入场景。通过软件中的【菜单】→〖导入〗→『导入』,导入居民楼的基准文件,如图 5-76 所示。

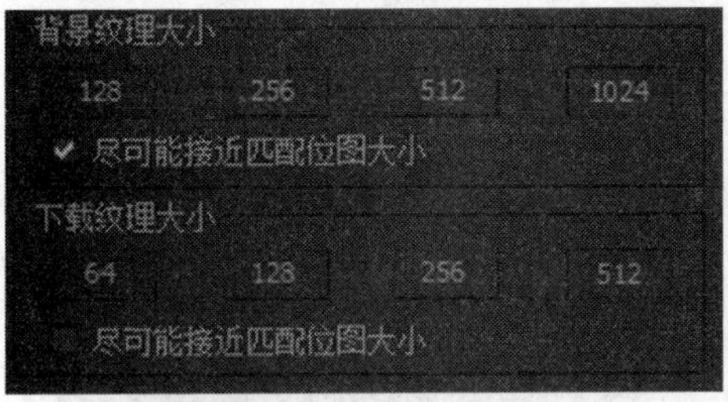

图 5-75　配置驱动程序

图 5-76　导入基准文件

根据地形基准来确定需要制作的建筑模型的长度和宽度,查询高度数据在不知道建筑物真实高度的情况下,可根据实际照片估算出建筑模型的高度,然后开始创建模型。通过查看外业采集照片可知此建筑为普通 6 层居民楼,每层高度按 3 m 估算,最底层有储藏室约 2.5 m,因此总高度为 $6×3+2.5=20.5$(m),见表 5-1。

表 5-1　建筑物高度

<table>
<tr><th colspan="2">建筑结构</th><th colspan="2">标准尺寸</th></tr>
<tr><td rowspan="5">建筑层高</td><td rowspan="2">住宅</td><td>标准层</td><td>一层(底商)高度</td></tr>
<tr><td>3 m</td><td>4 m</td></tr>
<tr><td>多层公共建筑</td><td>4 m</td><td>5 m</td></tr>
<tr><td>高层公共建筑</td><td>4 m</td><td>5 m</td></tr>
<tr><td>商业建筑</td><td>4 m</td><td>5 m</td></tr>
<tr><td rowspan="2">女儿墙</td><td>不上人的建筑</td><td colspan="2">厚 0.24 m,高 0.6 m</td></tr>
<tr><td>可以上人的建筑</td><td colspan="2">厚 0.24 m,高 1.2 m</td></tr>
<tr><td colspan="2">建筑台阶</td><td colspan="2">高 0.15 m,宽 0.3 m</td></tr>
<tr><td colspan="2">结构柱子</td><td colspan="2">高度段数为 1,圆周段数不超过 8,直径 0.8 m 以上圆周段数不超过 10</td></tr>
<tr><td colspan="2">一般门的高度</td><td colspan="2">2 m</td></tr>
</table>

(3)开始制作。

根据基准文件中建筑物的长、宽创建一个长方体,设置〔高度〕为“20. 5”。

在工具箱中单击“长方体”工具→按住鼠标左键,在绘图页面中按住鼠标左键拖动,绘出一任意大小的长方体→在右边参数栏中输入参数,如图 5-77 所示。

2. 制作居民楼阳台

(1)参考实际照片创建模型的细节部分,制作模型后部,将创建的长方体转化为可编辑多边形,在模型上右击→“转化为”→“转化为可编辑多边形”。

图 5-77　长方体参数

(2)利用“连接”和“挤出”工具制作出模型后部的阳台。

进入“边选择”模式,选中模型中的上下两条边线,点击“连接”工具按钮,〔分段〕设为“6”。菜单栏中切换到“选择并移动”按钮,移动生成线至相应位置,如图 5-78 所示。

挤出阳台:进入“多边形选择”模式,选中模型中的阳台多边形,点击“挤出”按钮,挤出阳台,挤出参数设置如图 5-79 所示。挤出阳台效果图如图 5-80 所示。

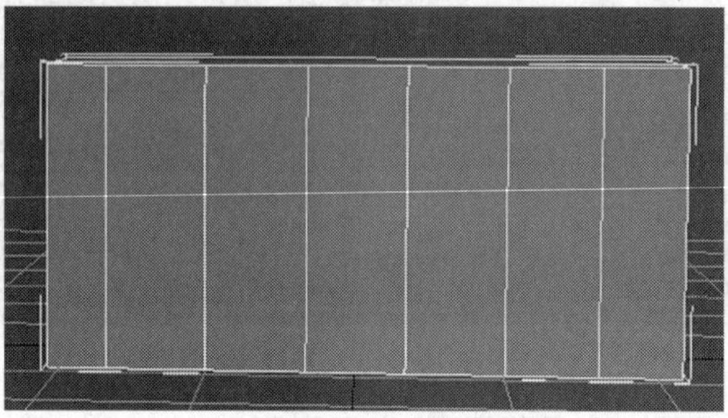

图 5-78　生成阳台边线

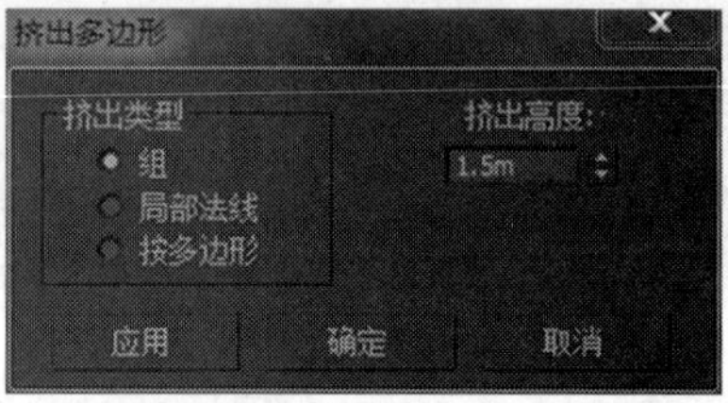

图 5-79　挤出参数设置

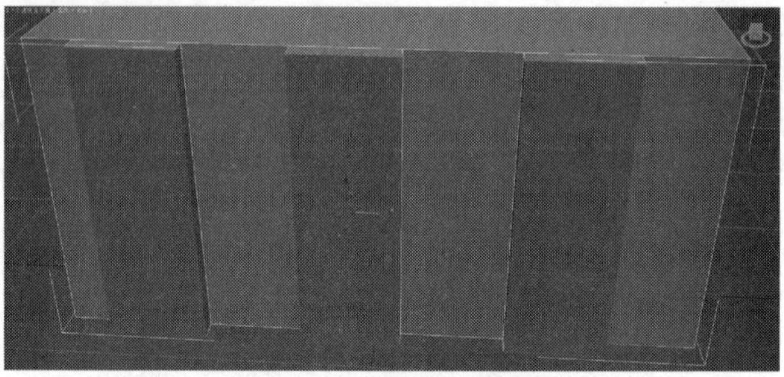

图 5-80　挤出阳台效果图

(3)同样的方法制作出模型的前部阳台,挤出后效果如图 5-81 所示。

(4)制作突出阳台顶端高出的部分。

选中阳台顶面,挤出 0. 5 m 的高度。进入“多边形选择”模式→选中阳台顶面多边形→“挤出”工具,挤出阳台顶面,〔挤出高度〕设为“0. 5”,挤出参数及效果图如图 5-82 所示。

连接挤出的边线,向上移动生成的边线。进入“边选择”模式→按下<Ctrl>键→同时选中阳台顶面的两条长边线→单击“连接”按钮→生成连接线,如图 5-83 所示。菜单栏中切换到“选择并移动”按钮,将生成的边线向上移动 0. 5 m,如图 5-84 所示。

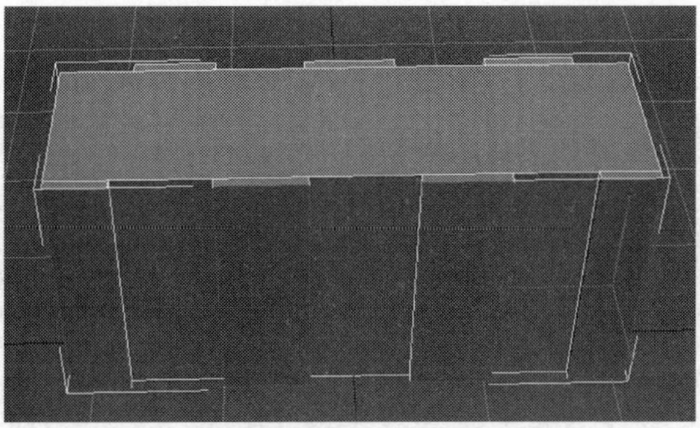

图 5-81　前部阳台模型效果图

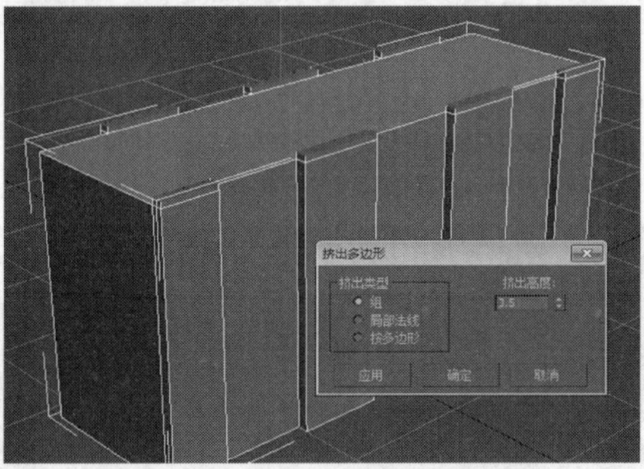

图 5-82　挤出阳台顶面参数及效果图

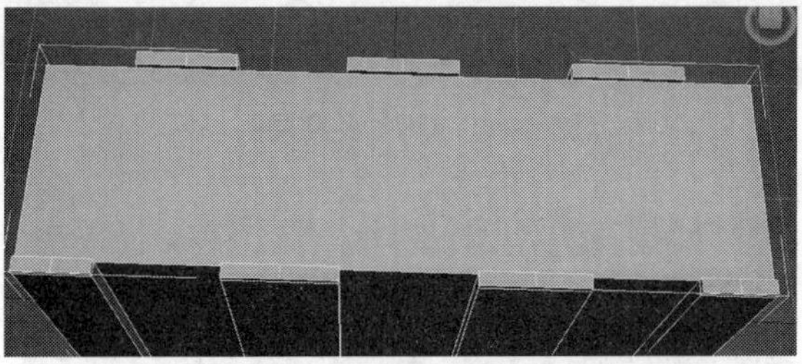

图 5-83　生成阳台连接线

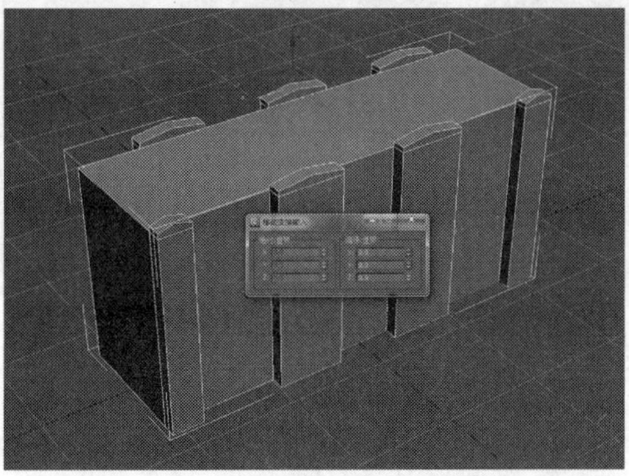

图 5-84　移动阳台生成线

3. 处理阳台底部

(1)连接任意阳台的两条边线,设置生成线高度为 2. 5 m,如图 5-85 所示。

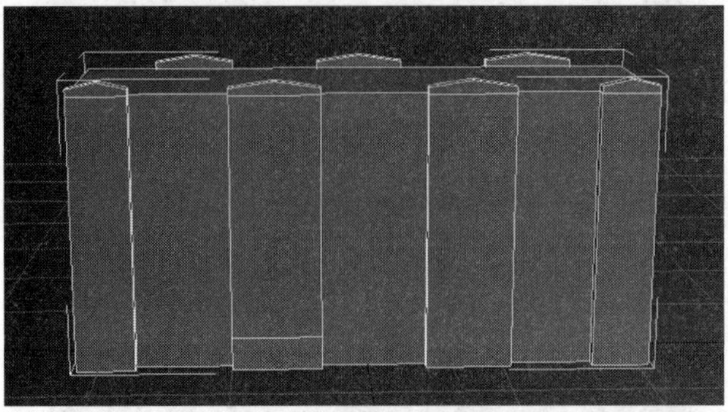

图 5-85　生成连接线

(2)切换为后视图,进入“多边形”模式,选中所有面,利用“快速切片”工具和新生成的边线切割整个模型底部,切片后效果图如图 5-86 所示。

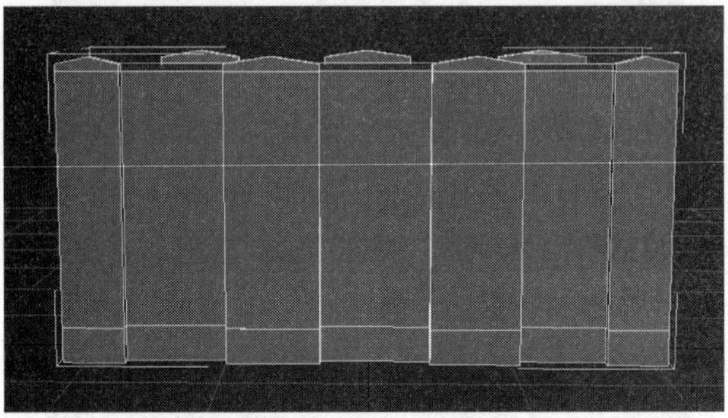

图 5-86　切片后效果图

(3)切换为透视图,删除底部多余的面,如图 5-87 所示。

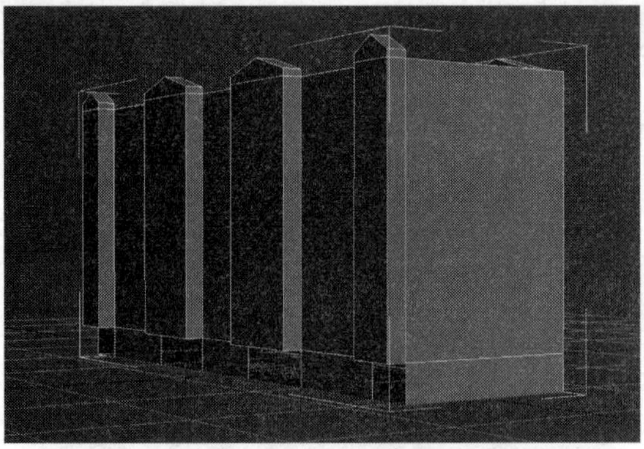

图 5-87　删除多余面

(4)封口并连接底部顶点。

进入“边界选择”模式,选择模型底边,右键菜单中选择“封口”,然后进入“顶点选择”模式,按<Ctrl>键依次选择底部两顶点,单击“连接”按钮。连接后如图 5-88 所示。

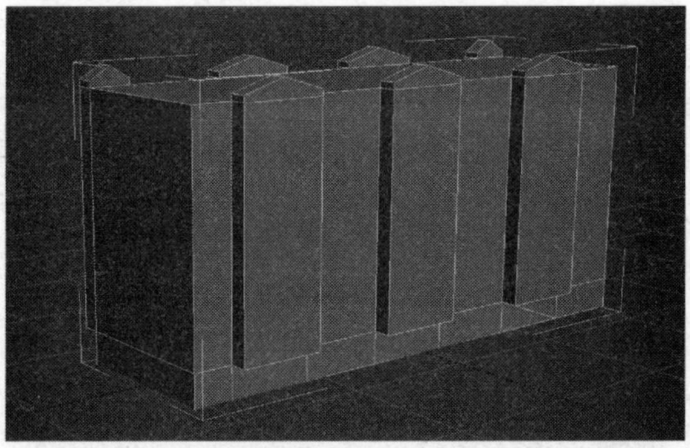

图5-88 连接底部顶点

4. 制作楼道

(1)进入"边选择"模式,选中楼道部分中间的横线,右击→"删除",全部删除后如图5-89所示。选中上、下两条边线,通过"连接"工具生成楼道边线,如图5-90所示。

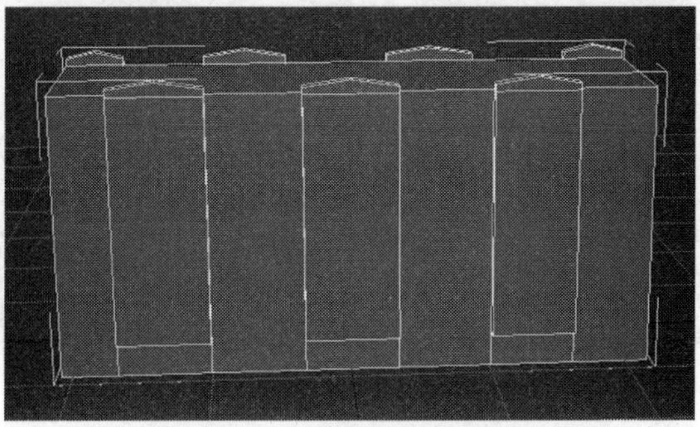

图5-89 删除楼道中间横线

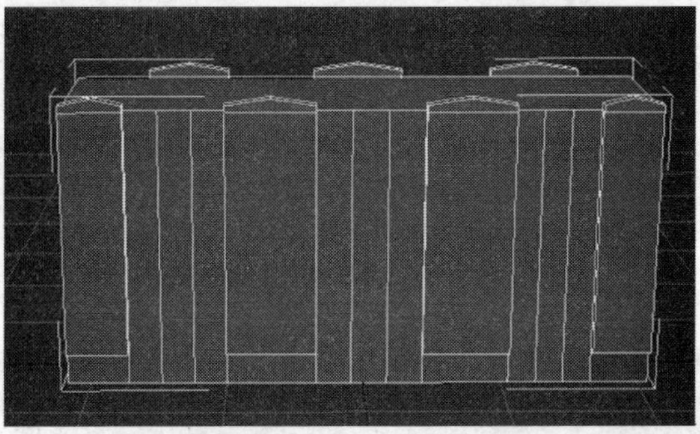

图5-90 生成楼道边线

(2)调整位置后,进入"多边形选择"模式,选中如图5-91所示多边形,向内挤出0.5 m,挤出后楼道如图5-92所示。依次挤出另外两个楼道。

(3)删除楼道部分上下的多余小面。

分别切换到顶视图和底视图,利用"快速切片"工具将多余小面分割出来,然后将之删除。

(4)将楼顶其他的面删除(见图5-93),进入"边界选择"模式,选择模型顶面边界,右键菜单中选择"封口",生成楼顶面,完成整个居民楼的制作,如图5-94所示。

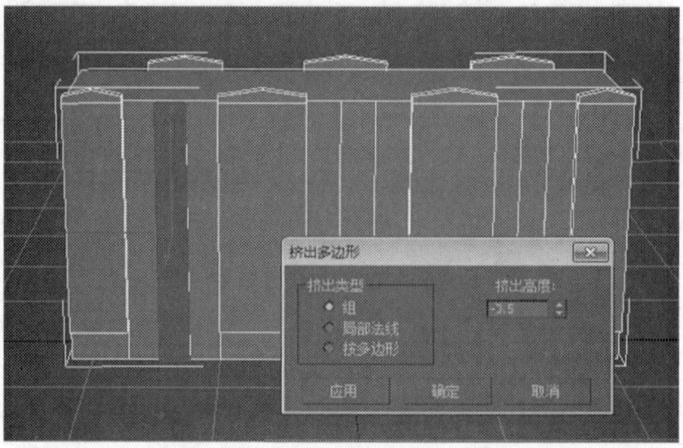

图 5-91　选中目标多边形

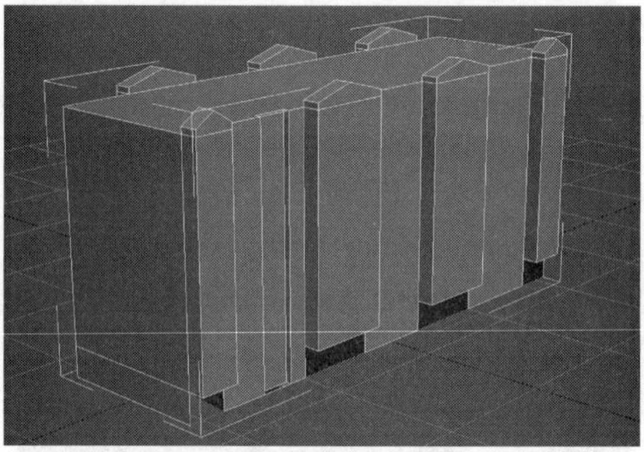

图 5-92　向内挤出楼道

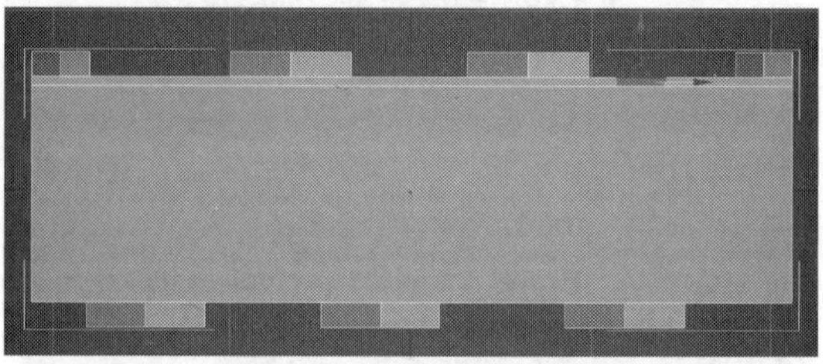

图 5-93　删除多余小面

图 5-94　居民楼最终图

5.4　项目总结

该项目主要介绍了三维模型的创建,可编辑多边形修改器以及挤出、封口、连接、插入等相关命令的使用,并结合相关的建筑物模型演示操作。通过该项目的学习,能熟悉掌握 3ds Max 的基本三维建模功能。

5.5　课后作业

1. 建筑物建模过程中常用的修改器有哪些?
2. 建立建筑物模型的主要步骤是什么?

项目 6　数字校园三维建模

6.1　项目描述

结合数字城市三维建模技术规范、纹理采集及属性调查等要求,根据学校的地形图,完成数字校园三维建模。具体包括以下两个任务:

任务 1　校园三维外业数据采集。

任务 2　校园地物建模。

任务 3　模型贴图

【学习目标】

根据所学建模技术,结合数字城市三维建模技术规范,掌握外业纹理采集及属性调查方法,了解三维建模项目计划安排,会根据地形图进行三维模型的建立。

【学习重点】

外业纹理的采集方法。

【学习难点】

三维建模项目计划的安排。

6.2　背景知识

数字城市三维建模技术规范要点

2010 年,住房和城乡建设部颁布了《城市三维建模技术规范》(CJJ/T 157—2010),统一了面向城市规划、设计、建设、管理等应用的城市三维建模技术规范。2012 年,国家测绘地理信息局发布了面向基础地理信息产品生产的三维模型数据生产、产品、数据库三本规范,确定了模型的类型、内容,以及模型数据的采集、制作、质量控制、更新维护、数据入库等内容。

根据《国家基本比例尺地图图式 第 1 部分:1∶500 1∶1 000 1∶2 000 地形图图式》(GB/T 20257.1—2017)及国内外数字城市建设的实践经验,三维城市建模的主要内容构成包括:地形模型、建筑模型、交通设施模型、管线及地下空间模型、植被模型、水系模型、场地模型、其他模型八种类型。每一类建模对象按照三维模型建立和应用的需要,分为几何数据、纹理(材质)数据及属性数据三部分。

(1)地形模型:用于表示地面高低起伏状态的三维模型。

(2)建筑模型:依据地形图、建筑平面图、实景照片、规划设计等数据制作的建筑物、构筑物、附着物等三维模型。

(3)交通设施模型:依据地形图、交通规划设计资料、实景照片等数据制作的道路及其附属设施的三维模型。

(4)水系模型:依据地形图、水系测量等数据制作的水系及其附属设施三维模型。

(5)管线及地下空间模型:依据管线测量数据或设计资料制作的管线三维模型。

(6)植被模型:依据地形图、植被等测量数据制作的三维模型。

(7)场地模型:依据场地测量数据或设计资料制作的三维模型。

(8)其他模型:主要是指除地形、建筑物、交通、水系、植被、地下空间设施以外的要素,可分为辅助设施和美化设施两大类。

6.3　项目实施

任务1　校园三维外业数据采集

【任务介绍】

在目前的数字城市三维建模工作中,外业数据采集工作主要为纹理数据的采集,本任务就是结合外业工作计划和外业纹理采集的理论方法利用数码相机对校园数据进行人工实地采集。

【相关知识】

1.外业工作计划

在外出作业前,应先进行外业工作计划的编制,包括选定合适的时间、投入合理的人员设备、制定合理的外业采集流程、划定合理的外业分区、约定合理的内外业交接和记录方式、设定合理的外业采集线路等。外业采集流程如图6-1所示。

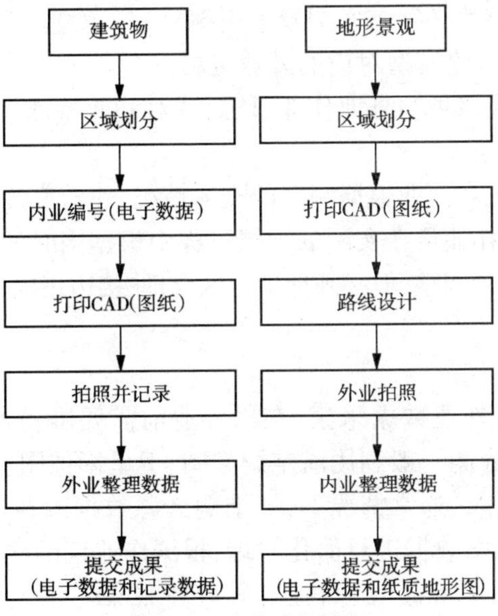

图6-1　外业采集流程

1)设备准备

外业采集所用到的主要设备有:

(1)数码相机(像素在1 000万以上,具备广角镜头和长焦镜头等)。

(2)相机备用电池。

(3)大容量相机内存卡。

(4)笔记本电脑。

(5)彩色打印机。

2)分区分组

(1)建筑物。根据项目要求在 CAD 中将需采集区域进行划分,建立精细区域、标准区域、基础区域等图层并画出范围线,在外出拍摄之前可先编号,单体建筑或连体建筑建立一个编号,三个以上的连体建筑应分别编号。

(2)地形。在 CAD 图上圈出需采集范围并标明区号,并把测区按面积、自然地物界等信息按一定规则进行一级地块划分。完成一级地块划分后,若一级地块的拍摄面积过大,则应继续对一级地块按规则细分为二级地块。在划分二级地块时,应把两相邻地块间的道路划分到其中一个单独的地块中。

3)记录约定

每一栋建筑须有对应的拍照记录,外业数据的准确标识有利于内业工作的开展。

4)交接约定

(1)外业拍照人员采集照片的最终目的是使内业建模人员通过室外拍摄的地物照片,能完整、准确地还原外业人员在实地所看到及拍摄到地物的大小、形状、结构、纹理,以及其与周边其他地物的相互关系等,以能较容易地通过三维建模工具在计算机中真实地还原实地地物的模型。

(2)所有的外业数据必须有详细的索引图,并有相应的图例和特殊地物的说明。

(3)每个地物的外业照片必须与底图及索引编号一一对应,不能有重号或歧义,以方便内业建模作业员准确找到所建模型对应的外业资料。

(4)外业照片拍摄时应该填写外业作业日志,并对外业特殊事件进行记录和上报。

5)路线设计

拍摄路线的设计一般先在内业根据测区的交通情况、建筑密度、现场驻点位置、人员分组等情况制定初步路线,再由作业员在实际的拍摄过程中根据当时的目标位置、拍照光线、交通情况、站位和角度等因素自行调整,但必须保证分区合理、接边正确,避免出现拍重或拍漏。

2. 外业底图准备

1)资料整理

为了方便、有效地进行外业数据采集,在出外业前需要准备作业记录底图和表格等资料。三维项目的外业采集底图一般利用航空影像图、卫星影像图、1∶500~1∶2 000 大比例尺地形图套合测区范围线制作。通常情况下,三维测区源数据的范围、信息量、数据容量都较大,所以在出图前应该对底图数据进行简化整理,根据作业范围线挑选出需要采集区域的相关数据资料,并去除地形图中等高线、高程点等外业采集不需要的信息,以最大化减少数据量。

2)数据套合

把整理好的影像、地形、交通注记、方位物(标志物)等数据转换成统一的坐标基准,在出图软件中叠合、整饰,生成带有采集范围线、道路名称、地物轮廓线、重点地物名称、影像底图等信息的综合外业拍照记录底图。

3）整饰处理

把整理过的综合底图根据项目的要求、投入人员情况、预计工作量等信息，进行分幅和编号。可以根据道路、河流等地物界线分幅，也可以根据标准图幅分幅，对分幅底图录入图幅编号，制作结合图表，方便查找使用和管理。须保证所有分幅图都有相应的道路名称、标志物名称等方向和定位信息，必要时标上简易指北针，为外业人员提供导航和定位依据。

4）图表输出

外业底图套合完成并整饰处理后，进行纸质打印输出。影像图类外业底图一般打印成彩色图件，CAD类线划图一般打印成黑白图件，图纸尺寸一般打印成A2，方便作业员在外业携带、记录、保存，也方便统一接合管理。

3. 外业纹理采集

纹理采集的总体原则如下：

（1）建议在多云且光线充足的天气拍摄，防止光线过强导致采集的纹理图片光照不均匀，无法进行纠正，如图6-2所示。

(a)不可使用　(b)均匀光照

图6-2　光照均匀

（2）若拍摄的物体表面纹理相同，则可以只拍摄一张全景照片，选择其中最典型的特征部位复制、粘贴并放大使用，如图6-3所示。

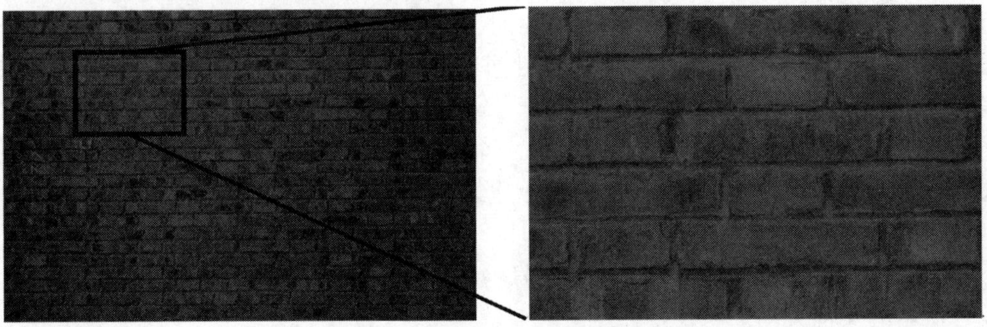

图6-3　选择特征部位使用

（3）拍摄的影像需清晰，如图6-4所示。

（4）尽可能以水平角度进行拍摄，减少侧视、仰视、俯视等拍摄角度，尽可能获取正视影像，如图6-5所示。

（5）为保证在内业处理时对地物整体结构的把握，应对每一栋建筑物在不同方向拍摄一定数量的全貌照片，同时需要拍摄它们与附近地物的相互关系。

(a)不可使用

(b)清晰影像

图 6-4　影像成果的清晰度

(a)不可使用

(b)水平正视角度

图 6-5　正视影像

(6)为保证内业建筑物纹理处理时准确、方便、有效,应对每一个建筑物在不同方向和远近位置拍摄一定数量的全貌和细部照片;对于因环境所限不能由一张照片取完整个建筑全景的情况,可通过按一定路线保持连贯性进行拍摄,相邻两张照片之间应当有 20%的重叠度。

(7)要求从不同位置、不同角度采集每一个建筑物的各个侧面,照片的数量与建筑物的位置、大小、复杂程度有关,一些临街的商业建筑物或结构复杂的标志性建筑物应多采集细节,以保证高精度的模型。

(8)对建筑物应按照单体对象统一编号,每个相应编号建筑物的照片应整理存放在以该编号命名的文件夹内。

(9)选择遮挡较少的角度进行拍摄。因树或其他障碍物遮挡的底商、门面、广告牌,应靠近距离拍摄尽量减少障碍物的遮挡,如因空间、角度、方位等限制拍摄取景视野有限的建筑,可以通过拍摄多张带有重叠区域的照片形成覆盖全景的照片集,再导入 Photoshop 进行后期处理。

以下为一组完整的建筑物实例照片,如图 6-6~图 6-12 所示。

图 6-6　远距离全景拍照，清晰显示建筑物整体结构

图 6-7　正面整体拍照

图 6-8　侧面整体拍照

图 6-9　各面局部拍照(1)

图 6-10　各面局部拍照(2)

图 6-11 各面局部拍照(3)

图 6-12 各面局部拍照(4)

4. 地物属性调查

地物属性调查主要是调查实地建筑、水系、道路等对象的名称、类型等属性信息,并在城市三维模型建立并入库后写入或挂接到模型对象中,供模型数据使用时进行查询、统计、定位、分析等应用。

1) 属性调查的内容

(1) 建筑属性调查。主要内容包括建筑物层数、名称、地址、权属人、建筑类型、建设时间、建筑面积等。

(2) 交通属性调查。主要内容包括道路的名称、等级、建设时间等。

(3) 水系属性调查。主要内容包括水系的名称、常水位、洪水位等。

(4) 管线属性调查。主要内容包括管线的类型、材料、埋深、尺寸、建设单位、管理单位、建设时间等。

(5) 其他地物属性调查。主要内容包括地物的名称、管理单位等。

2) 属性数据采集原则

(1) 按不同的精细程度采集模型的属性信息。

(2) 属性信息的采集一般与目标地物的空间信息或纹理数据采集同步进行。

(3) 属性数据应进行实地抽检,确保采集到的属性信息正确。

(4) 属性信息编码应具有通用性、可拓展性、一致性和系统性。

3) 属性信息的调查方法

(1) 提取已有资料属性信息。分析并提取地形图、专题图、规划图中已有的相关信息,如建筑名称、道路名称、河流名称等信息。

(2) 外业出图。一般外业调查的图纸为当前区域的地形图、影像图或叠加了地形图的影像图,在出图前应把已整理的信息与底图数据叠加,一般按 A2 幅面大小输出纸质底图。

(3) 实地调查记录。对于现有数据资料不能确认的地物信息,采用实地勘测等方法将地物空间信息补充到调查图纸上,目标物的属性信息可记录在单独的调查表中。

(4) 内业整理建库。将外业调查的信息数据进行整理,新建或更新到已有的属性数据库中,按需要的类型和格式存放或输出。

5. 外业成果整理

外业成果包括外业采集的纹理照片、属性调查记录表格以及在纹理采集和属性调查作业中形成的外业作业底图和作业记录等。外业成果是三维城市建模工作的第一手资料,其完整性和正确性是后续建模工作的关键。

当天的外业拍摄结束后,需及时整理当天拍摄的照片成果。首先新建一个以项目图幅名命名的文件夹,然后在其下新建以外业单个地物编号命名的文件夹,把外业照片按不同的地物存放到其对应的文件夹中,不同大类(如建筑、道路、水系等)的地物照片应分类型存放。外业照片一般沿用相机默认的 jpg 格式。

6. 外业成果检查

外业成果检查是外业工作质量控制的重要工序,必须在成果检查合格后才能把外业资料流转到内业建模生产工序。其主要检查标准如下:

(1)照片不连贯、少拍或跳拍均为不合格。

(2)属性表、照片、地基名字不一致为不合格。

(3)有拍摄条件时缺少整体或特写面倾斜较大为不合格。

(4)地基名字或位置出错为不合格。

(5)照片模糊为不合格。

(6)照片放错文件夹为不合格。

(7)照片过曝或欠曝严重为不合格。

(8)建筑总数和照片包中总数不一致为不合格。

【任务实施】

根据提供的郑州测绘学校 1∶500 地形图和航拍影像,按照外业采集工作计划,对郑州测绘学校校园地物进行外业纹理及属性采集,并按要求提交相应成果。

任务 2　校园地物建模

【任务介绍】

模型建立是在相关的模型平面控制数据、模型高度控制数据、模型纹理数据等资料准备完善后生产模型的过程,本任务就是结合上一任务提交的成果和现有的校园电子地形图对校园地物进行建模。

【相关知识】

三维模型的生产是在模型的三维空间信息数据获取与其纹理采集完成后,通过人机及建模平台交互生产模型的过程。具体为:根据物体的空间平面和高度控制数据,在三维软件中把物体的空间形态通过模型描绘出来,再将实地采集的纹理处理后赋予模型,在计算机平台中还原现实物体的形状和纹理,并将现实中采集到的物体各类属性信息,通过三维平台录入赋予模型,以实现查询、分析、管理等功能。

主要的建模流程如下。

1. 资料准备

数字城市三维模型生产宜采用如下资料:

(1)1∶500、1∶1 000、1∶2 000 等比例尺的地形图。

(2)1∶500、1∶1 000、1∶2 000、1∶5 000 等比例尺的影像图。

(3)建筑物的高度及顶部结构数据资料。

(4)外业采集的纹理及属性数据。

2. 技术要求

一般依据国家相关城市三维建模的技术规范和标准,结合每个城市的实际情况,制定具有可操作性的技术细则和作业指导书。

3. 内业建模

1)模型制作分类

模型等级分类如表 6-1 所示。

表 6-1　模型等级分类

模型类别	制作等级	制作要求
重点道路沿线建筑,如主要干道两侧政府办公楼、企事业单位办公楼、写字楼、大型商场、高档小区等	精细模型	精细制作,最大程度地接近真实,具有丰富的细节,能够表现建筑的特点。特有结构不能省略,反映建筑的附属元素。建筑结构、大小、色调、附带信息跟实际相同。通常情况下,结构复杂,具有视觉和象征双重价值(地标建(构)筑物)。其中,代表性建筑包括商务地标、旅游地标、现代建筑地标等
其他道路沿线建筑,如商场、写字楼、住宅小区等	普通模型	相对细致制作,模型比较接近真实,具有最典型的特征细节,要跟实际建筑基本相似,如屋顶形式、女儿墙、裙楼等,建筑大小、色调要基本相近于实际。通常情况下,小高层建筑、沿街建筑属于此类模型,主要是为了表现建筑场景的近景效果,反映场景内的商业或其他信息
其他建筑,如旧住宅小区、厂房、城中村、仓库、规划拆迁区等	一般模型	简单制作,忽略模型细节部分,当模型有弧度或者明显转折变化时,用较少的多边形表现,跟实际建筑相似。能反映实际建筑的大小、结构、色调。贴图纹理中对于 1 m 的建筑细节应清晰可辨,纹理贴图数量为 1~2 张。一般情况下,街区内的建筑、民房属于此类模型,主要用于反映整体建筑特色,多用于陪衬作用,看上去第一感觉是实际的建筑

2)模型命名

(1)地面命名规则:城市编码+区域编号,如 ZZ01。

(2)地面模型贴图命名规范:城市编码+模型类别编号+贴图顺序号,如 ZZDM0001。

(3)建筑模型文件命名规范:按“城市编码+区域编号+模型顺序号”三级编码进行命名,可采用英文缩写和数字;模型顺序号为各类型建模物体顺序编号。例如 ZZ0107,ZZ为城市编码,01 为区域编号,07 为模型顺序号。

(4)建筑模型贴图命名规则:模型编号+序号,如图 6-13 所示。

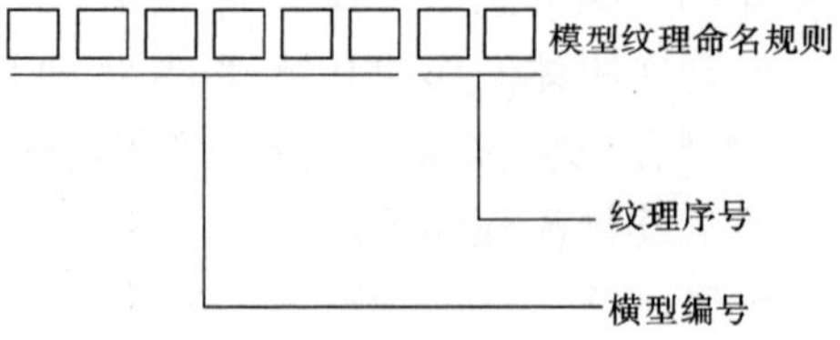

图 6-13　建筑模型贴图命名规则

3)平面及高程基准

(1)平面基准。建筑模型平面长宽尺寸严格依照提供的地形图或影像数据绘制。

(2)高程基准。如果建筑物平面成果中具备真实高程信息则直接使用其高程值,如果不含则建筑模型高程尺寸参考建筑现状照片并依据建筑物层高标准绘制,参考尺寸如表6-2所示。

表6-2　模型高程参考尺寸

<table>
<tr><th colspan="2">建筑结构</th><th colspan="2">标准尺寸</th></tr>
<tr><td rowspan="4">建筑层高</td><td rowspan="2">住宅</td><td>标准层</td><td>一层(底商)高度</td></tr>
<tr><td>3 m</td><td>3.5 m</td></tr>
<tr><td>公共建筑</td><td>3.5 m</td><td>4 m</td></tr>
<tr><td>商业建筑</td><td>3.5~4 m</td><td>4.5~5 m</td></tr>
<tr><td rowspan="2">女儿墙</td><td>不上人的建筑</td><td colspan="2">厚0.4 m,高0.6 m</td></tr>
<tr><td>可上人的建筑</td><td colspan="2">厚0.4 m,高1.2 m</td></tr>
<tr><td colspan="2">建筑台阶</td><td colspan="2">高0.15 m,深0.3 m</td></tr>
<tr><td colspan="2">门的高度</td><td colspan="2">2~2.2 m</td></tr>
</table>

4)模型建立

模型的建立是根据建筑的空间三维信息,采用3ds Max等建模工具,在计算机中还原建筑实地形态的过程。

5)纹理制作及模型贴图

经过内业处理,将外业拍摄的纹理数据赋予建立好的白模型的过程。

4. 成果检查

城市三维模型的成果检查主要包括外业成果的检查和内业完成的三维模型精度、表现效果、合理性、数据量控制、模型命名、逻辑错误、拓扑错误等方面的检查,主要的检查内容如表6-3所示。

表6-3　成果检查主要内容

<table>
<tr><th>检查类别</th><th>检查内容</th></tr>
<tr><td rowspan="10">模型结构</td><td>模型平面位置或高度与底图不符</td></tr>
<tr><td>模型轴心位置不正确</td></tr>
<tr><td>模型重名</td></tr>
<tr><td>模型比例与实际不符</td></tr>
<tr><td>物体段数设置过多</td></tr>
<tr><td>物体不光滑</td></tr>
<tr><td>多余的点、线、面</td></tr>
<tr><td>结构错误</td></tr>
<tr><td>模型未对齐、有缝</td></tr>
<tr><td>模型楼层层高有误</td></tr>
</table>

续表 6-3

检查类别	检查内容
贴图类	贴图路径缺失
	贴图为 2 的 N 次方
	贴图尺寸超过 1 024
	贴图格式不为 jpg
	贴图丢失
	贴图渲染有问题
	贴图纹理模糊、拉伸、不干净
	贴图重复率高
	贴图颜色与实际不符
	贴图与照片不符
	贴图没有按国标制作
	贴图门、窗、层高线、模型立面不平直
	贴图与实际不相符

【任务实施】

根据提供的郑州测绘学校 1∶500 地形图,按照建模流程及标准要求,在 3ds Max 软件中建立郑州测绘学校校园地物模型。

任务 3　模型贴图

【任务介绍】

在三维世界里没有被赋予材质的模型就像一块橡皮泥,只有被赋予了材质的模型才能表现特定事物的功能。因此,材质对三维设计非常重要,本任务是对建筑物赋材质属性。

【相关知识】

贴图是三维艺术中的重要表现手法,它在形体表现、静态效果及动画展示上都起着举足轻重的作用,可以说是三维艺术家族中必不可少的成员。3ds Max 2010 版的贴图已经实现了高度集中管理,通过给不同的通道添加贴图可以实现不同的效果。

贴图流程如下:分割模型→制作贴图材质→创建材质球→为模型贴图→修改贴图参数。

1. 基本贴图

贴图手法很多,基本贴图是最为基础也是最为常用的贴图手法,我们经常看到一些栩栩如生、近乎真实的任务,一些梦幻唯美、让人神往的场景,一些豪华尊贵、超越现实的效果,这些都是通过基础贴图来完成的,下面我们来了解一些基础贴图。

1)2D 贴图

所有的 2D 贴图都有两大修改选项:【坐标】和【噪波】,当为材质添加了 2D 贴图后,这两大选项也随之出现。

在【坐标】卷展栏中,通过调整坐标参数,可以相对于应用贴图的对象表面移动贴图,以实现其他效果。

【噪波】是用于创建外观随机图案的方式,非常复杂,但是应用广泛,主要是对原贴图进行扭曲变化。

(1)位图2D贴图。最为常用的一种贴图方式,可以用来创建多种材质,从木纹和墙面到蒙皮和羽毛,也可以使用动画或视频文件替代位图来创建动画材质。

(2)方格贴图。将两色的棋盘图案应用于材质,这里的两色可以是任意颜色,也可以是贴图。

(3)渐变贴图。从一种颜色到另一种颜色进行明暗处理,为渐变指定两种或三种颜色,3ds Max Design将插补中间值。

(4)渐变坡度贴图。与渐变贴图相似的2D贴图。它从一种颜色到另一种颜色进行着色。在这个贴图中,可以为渐变指定任何数量的颜色或贴图,并且几乎任何参数都可以设置动画。

(5)平铺贴图。使用平铺贴图可以创建砖、彩色瓷砖或材质贴图。

2)3D贴图

(1)细胞贴图。一种程序贴图,生成用于各种视觉效果的细胞图案,包括马赛克瓷砖、鹅卵石表面,甚至海洋表面。

(2)凹痕贴图。3D程序贴图,它根据分形噪波产生随机图案,图案的效果取决于贴图类型。

(3)衰减贴图。基于几何体曲面上面法线的角度衰减来生成从白到黑的值。

(4)Perlin大理石贴图。使用“Perlin湍流”算法生成大理石图案。

(5)斑点贴图。一个3D贴图,它生成斑点的表面图案,该图案用于漫反射贴图和凹凸贴图以创建类似花岗岩的表面和其他图案的表面。

(6)木材贴图。3D程序贴图,此贴图将整个对象的体积渲染成波浪纹图案,可以控制纹理的方向、粗细和复杂度。

2. 合成器贴图和颜色贴图

细心观察可以发现,现实中大部分物体都是混合型的,它们不仅在颜色上多种多样,而且在花纹和纹理上也是不同的。单靠一些基本贴图的方法往往达不到理想的效果,这就需要对这些复杂物体的贴图进行合成和颜色变换,下面对这些知识进行简要的讲解。

1)合成器贴图

在图形处理中,图像的合成是指将两个或两个以上图像以不同的方式进行混合。使用合成器贴图能帮助我们创建更为真实、可信的材质效果。

(1)合成贴图。该贴图类型同时由几个贴图组成,并且可以使用Alpha通道和其他方法将某层置于其他层之上。对于此类贴图,可使用已含Alpha通道的叠加图像,或使用内置遮罩工具仅叠加贴图中的某部分。

(2)遮罩贴图。通过使用一个黑白图像或灰度图像覆盖另一个图像上的部分区域。

(3)混合贴图。将两种颜色或材质合成在曲面的一侧,也可以将“混合数量”参数设置为动画,然后画出使用变形功能曲线的贴图来控制两个贴图随机时间混合的方式。

(4)RGB相乘贴图。将两个贴图或颜色的RGB值进行相乘计算,通常用于凹凸贴图,在此可能要组合两个贴图,以获得正确的效果。

2) 颜色修改器贴图

使用颜色修改器贴图可以调整贴图的色彩、亮度、颜色的均衡度等。如果使用好这部分贴图，就不需要 PhotoShop 这样的软件在后期处理图片的饱和度和颜色了。

(1) RGB 染色贴图。该贴图可以调整贴图中红、绿、蓝 3 种颜色。

(2) 顶点颜色贴图。该贴图应用于可渲染对象的顶点颜色，可以使用顶点绘制修改器、指定顶点颜色工具指定顶点颜色，也可以使用可编辑网格顶点控件、可编辑多边形顶点控件指定顶点颜色。

【任务实施】

根据已建成的郑州测绘学校校园地物白模型和外业采集的纹理数据，按照建模流程及标准要求，在 PhotoShop 中进行贴图纹理制作，在 3ds Max 软件中完成白模型贴图。

1. 分析模型结构，划分贴图区域

1) 原则

(1) 对象中具有连续性、重复性的区域，可以作为一个贴图区域对待。例如，多层结构居民楼的侧立面窗户部分，在贴图时可使用一层为基本贴图单元，在整个贴图区域内平铺多次，如图 6-14 所示。

(2) 对象中结构特殊、材质特殊的部分需要单独划分贴图区域。例如，多层结构居民楼的地下室、房檐、单独的花纹等，如图 6-15 所示。

图 6-14　连续性、重复性区域

图 6-15　结构特殊区域

2) 3ds Max 下对模型进行细化

方法：将待处理模型按贴图区域进行细分，即每个不同贴图区域单独构建一个多边形，如图 6-16、图 6-17 所示。

2. PhotoShop 下制作贴图材质

1) 制作贴图材质基底

(1) 选取原始照片中较为干净、具有代表性的区域作为贴图的原始素材，如图 6-18 所示。

(2) 通过“编辑→变换”下的各类工具处理原始素材的透视效果，并裁剪、调整尺寸作为贴图基底备用，如图 6-19 所示。

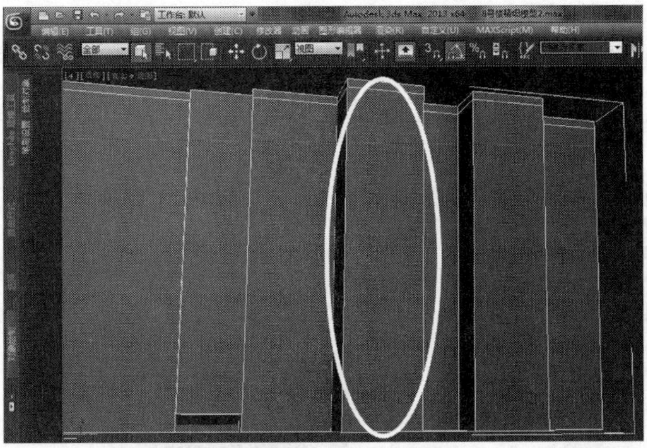

图 6-16　待细化的模型

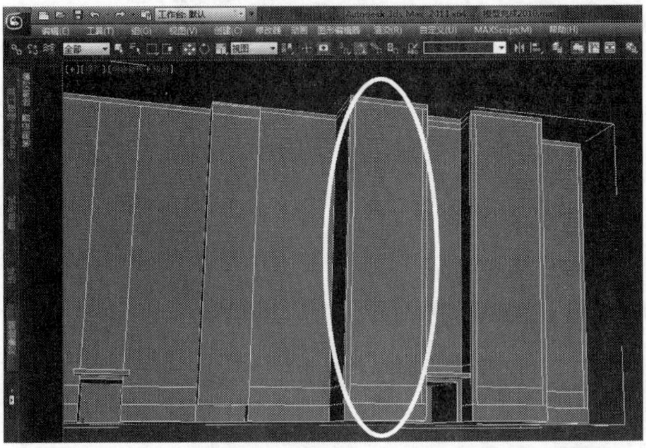

图 6-17　细化后的模型

图 6-18　原始素材区域选择

图 6-19　处理原始素材为贴图基底

2) 制作纯色贴图素材

以建筑物纯色墙面为例，对于墙面为同一种颜色或者几种颜色拼合的建筑物，其墙面可能会因为光线、灰尘、掉色等原因而颜色不均匀，在制作贴图时难度较大。这时可以制作纯色的贴图进行替代，方法如下：

(1)使用吸管工具选取墙面的主色调。

(2)新建图片,使用填充工具填充该主色调。

(3)使用“滤镜→杂色→添加杂色”功能添加 3%的杂色,再使用“滤镜→模糊→高斯模糊”设置 2 像素左右的模糊效果,使贴图看起来较为真实,如图 6-20 所示。

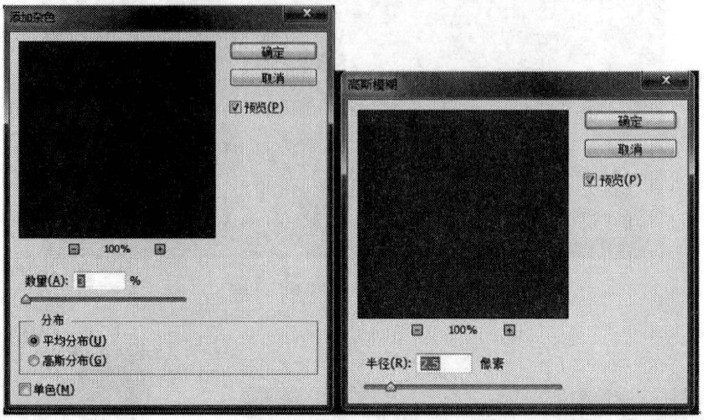

图 6-20　制作纯色贴图

(4)保存备用。

3)制作各要素贴图素材

以窗户为例,制作各要素贴图素材步骤如下:

(1)选取素材库中较为干净的窗户,如图 6-21 所示。

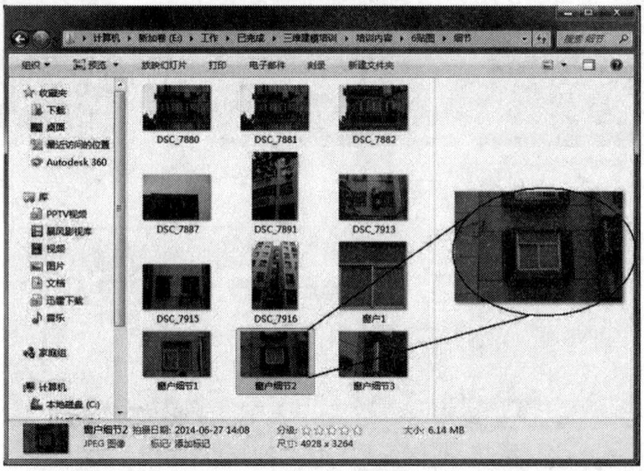

图 6-21　选取贴图要素

(2)裁剪窗户,并纠正透视,如图 6-22 所示。

(3)保存备用。

(4)制作贴图需要用的各要素,如图 6-23 所示。

4)制作贴图材质

(1)以贴图基底文件的尺寸为标准,新建空白图片文件,将制作好的贴图基底以图层的方式叠加到新文件中,该图片文件即为贴图使用的文件,如图 6-24 所示。

(2)添加贴图中需要的各要素,并按照贴图区域内各要素的真实长宽比例、位置调整贴

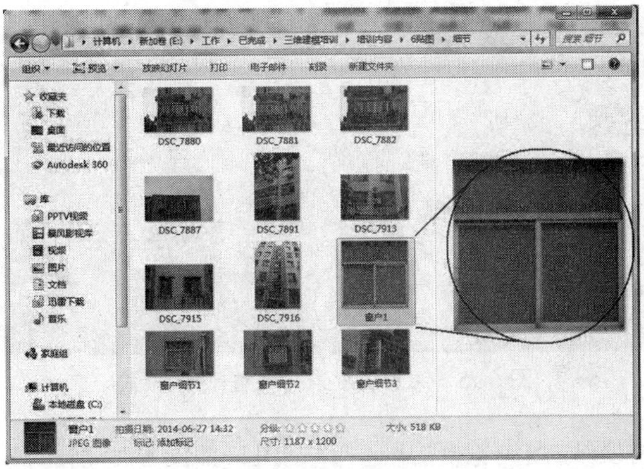

图 6-22　调整后的贴图要素

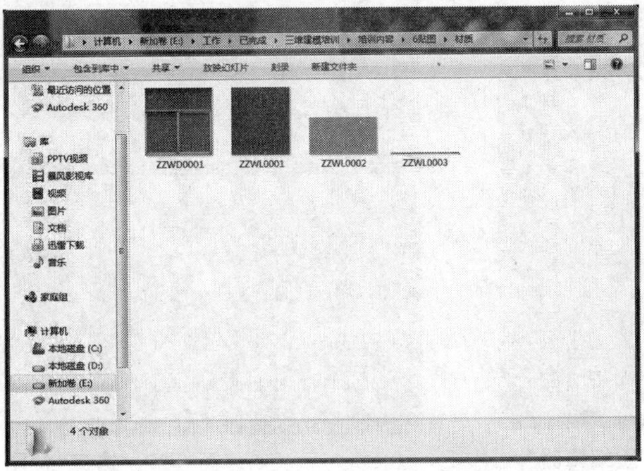

图 6-23　制作完成的贴图要素

图 6-24　添加贴图基底

图内对应要素的尺寸、位置，使之与待贴图对象的表面纹理一致，如图 6-25 所示。

(3)裁剪并保存贴图。

3. 3ds Max 创建材质球

(1)点击主工具栏中的“材质编辑器”按钮。

(2)在打开的“材质编辑器”中选择“Blinn”卷展栏下“漫反射”后的按钮，如图 6-26 所示。

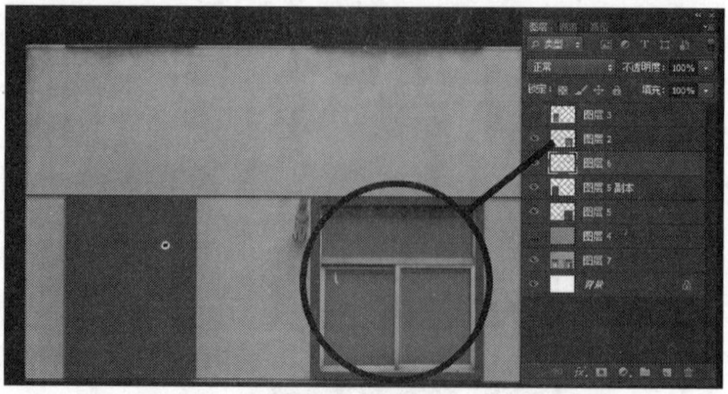

图 6-25　添加各要素并调整尺寸、位置

（3）在弹出的“材质/贴图浏览器”中选择“位图”，如图 6-27 所示。

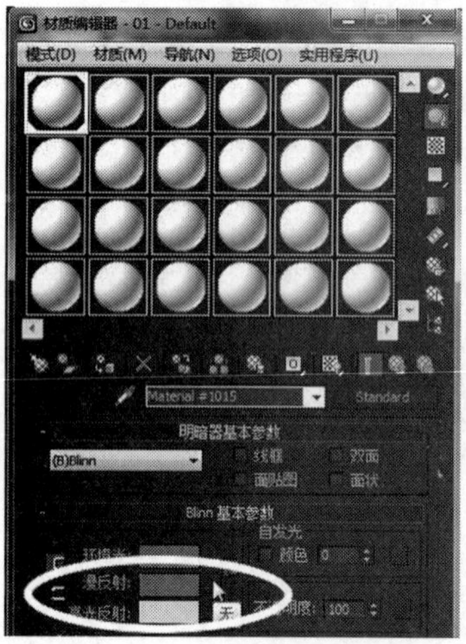

图 6-26　设置“材质编辑器”

图 6-27　选择“位图”

（4）选择一张已做好的贴图赋予第一个材质球，这里选择的是“CXNW0801”，如图 6-28 所示。

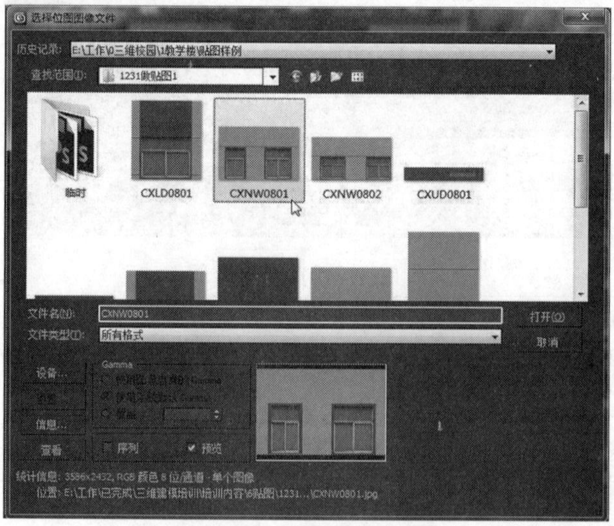

图 6-28　选择贴图文件

4. 将材质球贴图赋予模型对应的区域

(1)选择模型上对应贴图的区域(多边形)。为了防止材质球过多而混淆,可以将材质球改名,如图 6-29 所示。

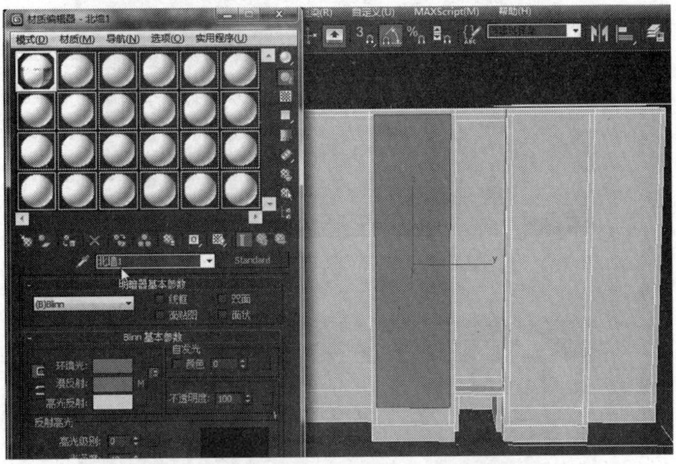

图 6-29　选择贴图区域并修改材质球名称

(2)点击“将材质指定给选定对象”按钮,将贴图赋予模型,如图 6-30 所示。

(3)点击“视口中显示明暗处理材质”即可显示贴图,如图 6-31 所示。

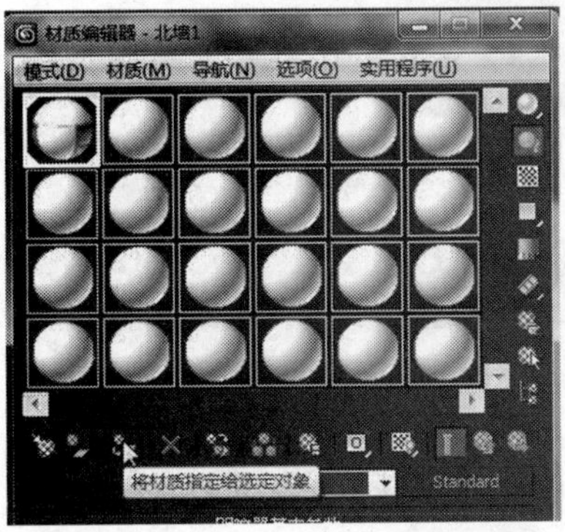

图 6-30　给选定对象指定材质

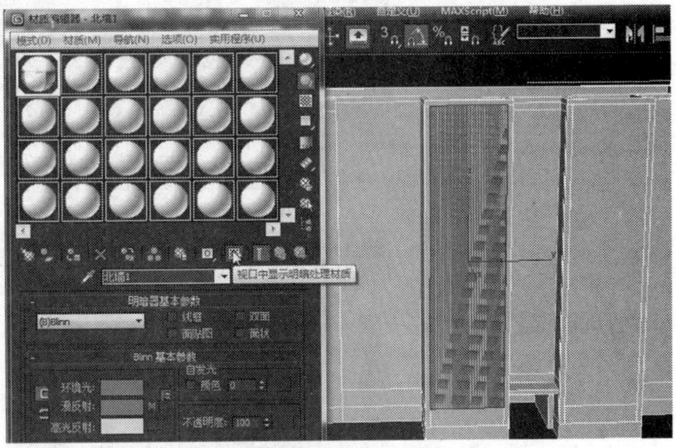

图 6-31　显示贴图

5. 调整贴图参数

(1)选择模型上贴图多边形,对其使用修改器中的“UVW 贴图”工具,如图 6-32 所示。

(2)在“UVW 贴图”参数选项卡下选择“长方体”贴图方法,调整 U、V、W 向平铺到合适数值。如果系统无法自动识别待贴图多边形的长宽高,可以勾选“真实世界贴图大小”再取消进行手动设置,如图 6-33 所示。

(3)对修改器窗口中的“UVW 贴图”单击右键,选择“塌陷到”进行塌陷,使“UVW 贴图修改器”和正在编辑的模型融合为一体,如图 6-34 所示。

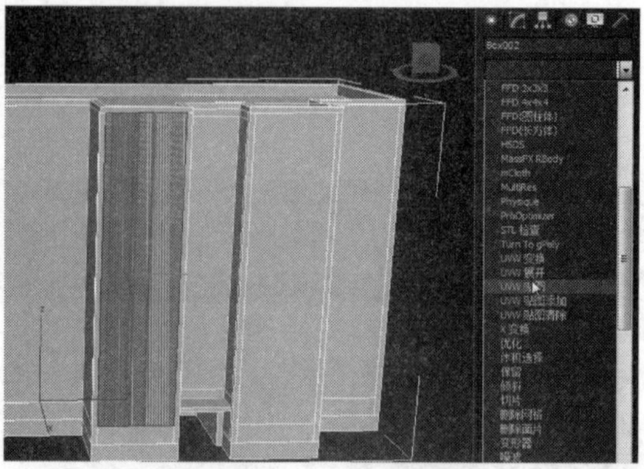

图 6-32　“UVW 贴图”修改器

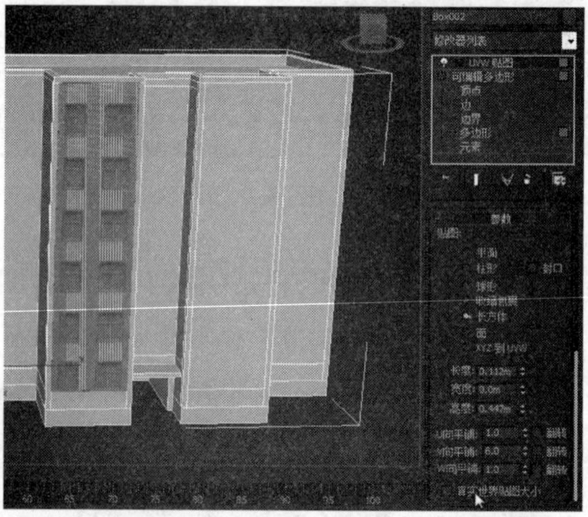

图 6-33　设置“UVW 贴图”参数

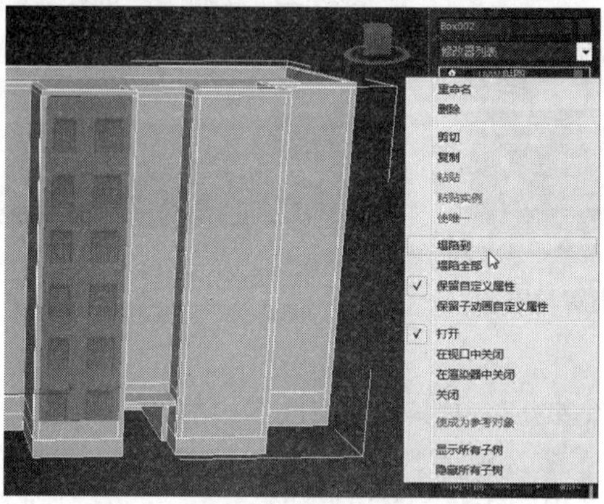

图 6-34　塌陷操作

6.4　课后作业

根据项目所学知识，结合校园三维模型建立过程，对校园周围某个建筑进行建模。

参 考 文 献

[1] 宁振伟,等. 数字城市三维建模技术与实践[M]. 北京:测绘出版社,2013.
[2] 谭雪松,等. 3ds Max 2010 基础教程[M]. 北京:人民邮电出版社,2013.
[3] 祝国瑞. 地图学[M]. 武汉:武汉大学出版社,2004.
[4] 刘晓东. 3ds Max 4.2[M]. 北京:清华大学出版社,2002.
[5] 孔云峰,等. GIS 分析、设计与项目管理[M]. 北京:科学出版社,2011.

测绘行业职业教育工学结合一体化规划教材

控制测量

测量平差

GNSS 定位操作与数据处理

GNSS 测量技术

路桥测量

管线测量与信息系统

基础测量技术

地籍测绘

土地管理技术与实务

建设用地管理实务

专题地图编制

数字印前处理与地图印刷技术

地图基础

地理信息系统

普通地图编制

◆ 数字城市三维建模技术

计算机地图绘制

策划编辑　陶金志
责任编辑　郑佩佩
封面设计　谢　萍
责任校对　母建茹
责任监制　常红昕

ISBN 978-7-5509-1112-3

定价：20.00元

水土保持科技示范园
探索与实践

乔殿新 著

黄河水利出版社